职业教育信息安全技术应用专业系列教材

网络攻防与协议分析

主　编　卢晓丽　丛佩丽　李　莹
副主编　杨晓燕　张　维　田　川
参　编　李光宇　刘淑英　姜源水
　　　　吴　雷

机械工业出版社

本书采用"分岗设计教材、融入企业案例、企业参加编写"的编写方法，突出职业教育的特色。根据职业的特点，在教材编写中，企业人员深度参与编写，基于网络安全工程师岗位及岗位群的需求进行教学项目设计。

本书介绍了计算机网络常用的安全技术，计算机网络安全方面的管理、配置与维护，在内容安排上将理论知识与工程技术应用有机结合，并介绍了许多计算机网络安全技术的典型应用方案。全书共六章，涉及网络安全的现状与对策、网络攻击、端口扫描、网络安全防护、Sniffer攻击嗅探、木马攻击与防范、数据加密技术、认证技术、无线网络安全技术、网络设备安全配置、Windows安全技术、Linux安全技术等，既注重基础理论的介绍，又着眼于学生技术应用和实践能力的培养。

本书可作为各类职业院校信息安全技术应用及相关专业的教材，也可作为有关计算机网络安全知识培训的教材，还可以作为网络管理人员和信息管理人员的参考教材。

本书配有电子课件，选用本书作为授课教材的老师可以从机械工业出版社教育服务网（www.cmpedu.com）免费下载或联系编辑（010-88379194）咨询。本书还配有二维码视频，读者可扫描二维码在线观看。

图书在版编目（CIP）数据

网络攻防与协议分析/卢晓丽，丛佩丽，李莹主编．
—北京：机械工业出版社，2022.5（2024.2重印）
职业教育信息安全技术应用专业系列教材
ISBN 978-7-111-70561-1

Ⅰ．①网… Ⅱ．①卢… ②丛… ③李… Ⅲ．①计算机网络—网络安全—职业教育—教材 Ⅳ．①TP393.08

中国版本图书馆CIP数据核字（2022）第062381号

机械工业出版社（北京市百万庄大街22号　邮政编码100037）
策划编辑：李绍坤　　　　责任编辑：李绍坤　张翠翠　徐梦然
责任校对：潘　蕊　张　薇　封面设计：鞠　杨
版式设计：张　薇　　　　责任印制：李　昂
北京中科印刷有限公司印刷
2024年2月第1版第3次印刷
184mm×260mm・14.5印张・347千字
标准书号：ISBN 978-7-111-70561-1
定价：49.80元

电话服务　　　　　　　网络服务
客服电话：010-88361066　机　工　官　网：www.cmpbook.com
　　　　　010-88379833　机　工　官　博：weibo.com/cmp1952
　　　　　010-68326294　金　书　网：www.golden-book.com
封底无防伪标均为盗版　机工教育服务网：www.cmpedu.com

前言

随着我国计算机网络的发展，以及社会对网络信息安全问题的关注，计算机网络信息安全走进了人们的视野。计算机网络在给人们的生活带来便利的同时，也存在一定的不安全性。例如，一些不规范经营的公司会将客户信息卖给某些公司，这些公司会对客户不断地进行骚扰。因此，保护用户的隐私，防止个人信息的泄露，不仅对个人是至关重要的，对于团体和企业来说也势在必行。

本书体现了立德树人的育人理念，适应校企合作、工学结合人才培养模式改革及信息化教学改革需要，以赛促教、以赛促学，践行工匠精神培育，为行业一线培养高素质技术技能人才。本书邀请了企业一线技术专家共同参与编写，内容选取对接职业标准、融入产业文化，充分反映职业岗位的技术发展要求，将新技术、新工艺、新理论、新方法、新规范和新标准及时纳入，使学生在校学习知识、能力培养与生产一线技术工作和管理工作的要求相适应。顺应新形势需要，本书还注重吸收产业文化和优秀企业文化，将现代产业理念和现代企业优秀文化融入书中。本书共六章。第1章为网络安全技术概述，主要包括网络安全现状与对策、网络安全威胁和网络漏洞。第2章介绍了网络攻击与安全防护，包括网络攻击、网络安全防护与应对策略、端口扫描、Sniffer攻击嗅探、木马攻击与防范等。第3章介绍了数据加密、签名与认证技术。第4章介绍了无线网络安全技术，包括IEEE 802.1x协议、WLAN认证、企业无线网络802.1x认证案例等。第5章介绍了网络设备安全配置，包括路由器基本安全配置、防火墙技术、入侵检测系统、虚拟专用网技术（VPN）、计算机网络安全与维护案例等。第6章介绍了操作系统安全，包括操作系统安全概述、Windows安全技术与Linux安全技术。

本书由辽宁机电职业技术学院的卢晓丽和丛佩丽、辽宁省孤儿学校的李莹任主编；宁夏职业技术学院的杨晓燕、辽宁地质工程职业学院的张维、辽宁农业职业技术学院的田川任副主编；辽宁工程职业学院的李光宇、辽宁轻工职业学院的刘淑英、神州数码网络有限公司的姜源水、锐捷网络股份有限公司的吴雷参与编写。由于编者水平有限，书中难免存在不足和疏漏之处，恳请广大读者批评指正，以便下次修订时完善。

编　者

二维码索引

序号	名称	图形	页码	序号	名称	图形	页码
1	1.2 网络安全威胁		3	10	5.1.5 路由器密码恢复		99
2	2.1.4 Telnet攻击		18	11	6.2.1 关闭多余系统服务		165
3	2.2 网络安全防护与应对策略1		25	12	6.2.2 账号安全配置		166
4	2.2 网络安全防护与应对策略2		25	13	6.2.4 设置审核策略		177
5	2.3 端口扫描		31	14	6.2.5 使用本地组策略编辑器对计算机进行安全配置		180
6	2.5 木马攻击与防范		44	15	6.2.6 通过过滤ICMP报文阻止ICMP攻击		186
7	4.2.3 用户接入认证		80	16	6.2.6 使用常用命令		186
8	5.1.1 保护路由器的网络服务		94	17	6.3.1 使用PuTTY工具远程连接实验主机		203
9	5.1.4 路由器基本的安全配置		98	18	6.3.2 禁止root账户远程登录		204

目录

前言
二维码索引

第1章 网络安全技术概述 1
1.1 网络安全现状与对策 1
1.1.1 网络安全的定义 1
1.1.2 开放式网络与封闭式网络 2
1.1.3 计算机犯罪 3
1.2 网络安全威胁 3
1.2.1 常见的网络安全威胁 3
1.2.2 物理基础设施面临的安全威胁 6
1.3 网络漏洞 7
1.3.1 常见的网络漏洞 7
1.3.2 漏洞的产生 8
1.3.3 漏洞的类型 9
1.3.4 修补数据中心的网络漏洞 10
1.4 本章习题 12

第2章 网络攻击与安全防护 13
2.1 网络攻击 13
2.1.1 网络攻击的发展趋势 13
2.1.2 网络攻击的过程 14
2.1.3 侦察攻击 16
2.1.4 Telnet攻击 18
2.1.5 密码攻击及暴力密码攻击 19
2.1.6 信任利用攻击与中间人攻击 20
2.1.7 端口重定向攻击 21
2.1.8 DoS攻击与DDoS攻击 22
2.2 网络安全防护与应对策略 24
2.2.1 基于主机和服务器安全的防范措施 24
2.2.2 入侵检测和防御 26
2.2.3 网络安全工具 28
2.2.4 企业安全策略 29
2.3 端口扫描 31
2.3.1 端口扫描技术的原理 31
2.3.2 TCP connect扫描 31
2.3.3 TCP SYN扫描 32
2.3.4 UDP扫描 33
2.3.5 SuperScan扫描工具 34
2.4 Sniffer 攻击嗅探 38
2.4.1 Sniffer的工作原理 38
2.4.2 Sniffer的分类 40
2.4.3 Sniffer Pro 40
2.5 木马攻击与防范 44
2.5.1 木马的工作原理 44
2.5.2 伪装木马 44

2.5.3	冰河软件的设置与使用	46	
2.5.4	木马检测	51	
2.5.5	清除木马	53	
2.6	本章习题	54	

第3章　数据加密、签名与认证技术　56

3.1	数据加密技术	56
3.1.1	密码技术	56
3.1.2	对称密钥加密体制	57
3.1.3	非对称密钥加密体制	59
3.2	签名	61
3.2.1	电子签名	61
3.2.2	数字签名	63
3.2.3	数字证书与CA认证	64
3.3	认证技术	67
3.3.1	认证的种类	67
3.3.2	消息认证	67
3.3.3	身份认证	69
3.4	本章习题	71

第4章　无线网络安全技术　72

4.1	IEEE 802.1x协议	72
4.1.1	IEEE 802.1x协议概述	72
4.1.2	IEEE 802.1x认证体系	73
4.1.3	IEEE 802.1x认证过程	74
4.1.4	IEEE 802.1x认证模式	75
4.2	WLAN认证	77
4.2.1	WAPI技术	77
4.2.2	链路认证	79
4.2.3	用户接入认证	80
4.2.4	WLAN IDS	81
4.3	企业无线网络802.1x认证案例	83
4.3.1	案例描述	83
4.3.2	项目实施	83
4.4	本章习题	92

第5章　网络设备安全配置　94

5.1	路由器基本安全配置	94
5.1.1	保护路由器的网络服务	94
5.1.2	路由器在网络安全中的作用	95
5.1.3	路由器的安全保护	97
5.1.4	路由器基本的安全配置	98
5.1.5	路由器密码恢复	99
5.1.6	SSH	100
5.2	防火墙技术	105
5.2.1	防火墙的分类	105
5.2.2	防火墙的三要素	106
5.2.3	防火墙的常见术语	108
5.2.4	防火墙配置案例	109
5.3	入侵检测系统	118
5.3.1	入侵检测技术	118
5.3.2	入侵检测系统的工作流程	118
5.3.3	入侵检测配置案例	120
5.4	VPN	132
5.4.1	VPN的特点	132
5.4.2	VPN安全技术	133
5.4.3	基于IPSec的VPN技术	134
5.4.4	VPN配置案例	135
5.5	计算机网络安全与维护案例	146

5.5.1	案例描述	146	6.2.6	通过过滤ICMP报文	
5.5.2	路由器的配置与调试	148		阻止ICMP攻击	186
5.5.3	三层交换机的配置与调试	149	6.2.7	删除默认共享	193
5.5.4	防火墙与VPN的配置与调试	150	6.2.8	数据保密与安全	197
5.6	本章习题	162	6.3	Linux安全技术	203
			6.3.1	使用PuTTY工具远程连接实验主机	203
第6章	**操作系统安全**	**163**	6.3.2	禁止root账户远程登录	204
6.1	操作系统安全概述	163	6.3.3	配置策略增加密码强度	206
6.1.1	操作系统安全的概念	163	6.3.4	利用iptables关闭服务端口	209
6.1.2	操作系统安全的评估	164	6.3.5	利用iptables根据IP限制主机远程访问	213
6.2	Windows安全技术	165			
6.2.1	关闭多余系统服务	165	6.3.6	iptables防火墙高级配置	215
6.2.2	账号安全配置	166	6.3.7	客户端验证防火墙	220
6.2.3	利用syskey保护账户信息	176	6.4	本章习题	221
6.2.4	设置审核策略	177			
6.2.5	使用本地组策略编辑器对计算机进行安全配置	180	**参考文献**		**223**

第 1 章 网络安全技术概述

1.1 网络安全现状与对策

1.1.1 网络安全的定义

随着计算机技术的发展，网络正在以令人惊讶的速度改变着人们的生活，互联网的应用无处不在。Internet 所具有的开放性、国际性和自由性在给人们的工作及生活带来便利的同时，也带来了许多信息安全隐患，如果网络安全受到威胁，可能会导致非常严重的后果，如隐私泄露、信息失窃，有的甚至需要追究法津责任，如图 1-1 所示。随着网络威胁的种类日渐增多，安全环境所面临的挑战也日趋严峻。伴随着电子商务和 Internet 应用领域的不断扩展，在隔离和开放之间寻求平衡点已显得至关重要。此外，随着移动商务和无线网络的增长，安全解决方案应实现无缝集成，并且更透明、更灵活。要让网络安全地运行，必须从一个更高的角度来观察、分析，并采取相应的严格措施。

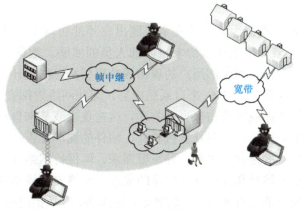

图 1-1 网络威胁

计算机网络安全是指利用网络管理控制和技术措施，确保一个网络环境里数据的保密性、完整性及可用性受到保护。计算机网络安全包括两个方面，即物理安全和逻辑安全。物理安全指系统设备及相关设施受到物理保护，免于破坏、丢失等。逻辑安全包括信息的完整性、保密性和可用性。归纳起来，网络安全威胁可分为如下几类：

1）身份窃取：在通信时非法截取用户身份的行为。
2）假冒：非法用户假冒合法用户身份获取敏感信息的行为。
3）数据截获：从网络上窃听他人的通信内容的行为。
4）否认：通信方事后否认曾经参与某次活动的行为。
5）非授权访问：未经授权使用网络资源或以未授权的方式使用网络资源的行为，主要包括非法用户进入网络或系统进行违法操作及合法用户以未授权的方式进行操作。
6）拒绝服务：合法用户的正当申请被拒绝、延迟、更改等。

网络安全涉及计算机科学、网络技术、通信技术、密码技术、信息安全技术、应用数学、数论、信息论等多种学科。它主要是指网络系统的硬件、软件及系统的参数、数据受到保护，不被恶意的攻击和偶然的事故所泄露、破坏、更改，网络系统连续、可靠地正常运行，网络服务不中断。总之，网络安全策略所包含的范围非常广，涉及用户管理、密码管理、访问控制、防火墙、病毒防治和数据备份等方面，需要网络管理员和使用者从多个方面来考虑。常见的网络安全技术手段见表 1-1。

表 1-1　常见的网络安全技术手段

网络层次	常见的网络安全技术手段		
数据安全层	加密		
应用安全层	访问控制		授权
用户安全层	用户/组管理	单机登录	身份认证
系统安全层	反病毒	风险评估	入侵检测	审计分析
网络安全层	防火墙	安全网关	虚拟专用网
物理安全层	存储备份		

1.1.2　开放式网络与封闭式网络

1. 开放式网络

过去，网络管理者一直认为网络的安全问题出在外部访问上，从而投入大量资金构筑系统防火墙，但是防火墙一般无法抵御来自内部人员的威胁。数据显示，网络资源正越来越多地受到来自用户的攻击，而内部用户的攻击成功率极高。据统计，金融系统的信用卡、银行账户的信息安全等问题，约 75% 来自系统内部，因此网络内部安全问题不容忽视。

网络开放使得网络所面临的攻击来自多方面，这些攻击或是来自物理传输线路的攻击，或是来自对网络协议的攻击，以及对计算机软件、硬件的漏洞实施的攻击。从宏观上看，网络管理员所面临的安全难题是如何平衡两种重要需求，即保持网络开放以支持业务发展的需求，以及保护隐私、个人信息和战略业务信息的需求。网络安全模型遵循渐进式发展轨迹，开始是开放除明确拒绝外的所有服务，现在则是有限服务，默认拒绝必要服务外的所有服务。在开放式网络中，安全风险是不言而喻的。

2. 封闭式网络

在封闭式网络中，组织中的个人或群组会以策略的形式确定规则来约束行为。有时，要更改访问策略，可能只需告诉网络管理员启用该服务即可。而在某些企业中，必须修正企业安全策略，网络管理员才能启用该服务。例如，安全策略禁止使用即时消息（IM）服务，但根据员工的需求，企业可能会更改其策略。

管理网络安全的一种极端方法是将网络与外部网络隔离，这就导致"天平"倾向安全性一边，如图1-2所示。封闭式网络仅与可信方和受信站点建立连接，不允许连接到公共网络。因为没有外部连接，所以采用这种方法设计的网络可以免受外部攻击。但是，内部威胁仍然存在。封闭式网络无法预防企业内部的攻击。

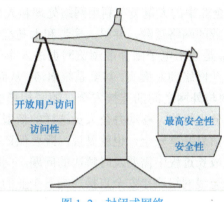

图1-2 封闭式网络

1.1.3 计算机犯罪

所谓计算机犯罪，就是在信息活动领域中，利用计算机信息系统或计算机信息知识作为手段，或者针对计算机信息系统，对国家、团体或个人造成危害，依据法律规定，应当予以刑罚处罚的行为。

计算机犯罪分为三大类：

1）以计算机为犯罪对象的犯罪，如行为人针对个人计算机或网络发动攻击，这些攻击包括"非法访问存储在目标计算机或网络上的信息，非法破坏这些信息，窃取他人的电子身份等"。

2）以计算机作为攻击主体的犯罪，常见的有黑客、特洛伊木马、蠕虫、传播病毒和逻辑炸弹等犯罪。

3）以计算机作为犯罪工具的传统犯罪，如使用计算机系统盗窃他人信用卡信息，或者通过连接互联网的计算机存储、传播淫秽视频等。

1.2 网络安全威胁

1.2.1 常见的网络安全威胁

1. 企业网络面临的安全威胁

当今无论是中小企业还是大企业，都广泛使用信息技术，特别是网络技术，以不断提高企业竞争力。企业信息设施在提高企业效益和方便企业管理的同时，也给企业带来了安全

1.2 网络安全威胁

隐患。网络的安全问题一直困扰着企业的发展，给企业所造成的损失不可估量。由于计算机网络特有的开放性，网络安全问题日益严重。企业所面临的安全威胁主要有以下几个方面：

（1）互联网安全　企业通过 Internet 可以把遍布世界各地的资源互联互享，但因为其开放性，在 Internet 上传输的信息在安全性上不可避免地会面临很多危险。当越来越多的企业把自己的商务活动放到网络上后，针对网络系统的各种非法入侵、病毒等活动也随之增多。例如，黑客攻击、病毒传播、垃圾邮件泛滥、信息泄露等已成为影响广泛的安全威胁。

（2）企业内部网安全　企业中的大量员工利用网络处理私人事务，对网络的不正当使用，降低了生产效率，消耗了企业的网络资源，并引入病毒和木马程序等。发生在企业网络上的病毒事件，据调查，约 90% 是经由电子邮件或浏览网页进入企业内部网络并传播的。垃圾邮件和各种恶意程序可使企业网络拥塞瘫痪，甚至系统崩溃，从而造成难以弥补的巨大损失。

（3）内网与内网、内网与外网之间的连接安全　随着规模的不断发展壮大，有些企业逐渐形成了企业总部、异地分支机构、移动办公人员这样的新型互动运营模式。处理总部与分支机构、移动办公人员的信息共享安全，也就是说，既要保证信息的及时共享，又要防止机密的泄露，已经成为企业成长过程中需要及时解决的问题。同时，异地分支机构、移动办公人员与总部之间的有线和无线网络连接安全直接影响着企业的运行效率。

2．安全威胁的类型

1.1.3 小节介绍了影响网络安全的常见计算机犯罪，可将这些犯罪行为分为不同的网络威胁类型，如图 1-3 所示。

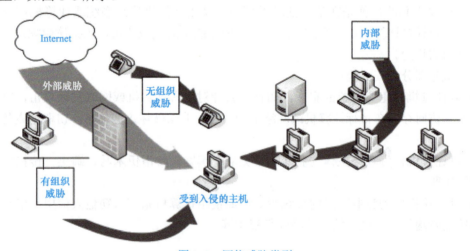

图 1-3　网络威胁类型

（1）无组织威胁　无组织威胁大多由缺乏经验的个人实施，他们使用简单的黑客工具，如外壳脚本和密码破解程序，不过，即使是那些为了测试其攻击技能而进行的无组织威胁也会对网络造成严重破坏。例如，如果企业网站遭到攻击，那将损害该企业的声誉，即使攻击不会影响位于保护性防火墙之后的隐私信息，但公众并不了解这些，公众会认为该站点可能不够安全，不适宜开展业务。

（2）有组织威胁　有组织威胁来自具备很强动机和技术能力的个人或团体。这些个人或团体了解系统漏洞，并能使用高深的黑客技术攻破不设防的企业系统。他们闯入企业和政府的计算机进行欺骗、破坏或篡改记录，或者仅大肆破坏。这些团体经常卷入执法机构立案调查的重大敲诈和盗窃案中。他们的黑客技术非常复杂、高深，只有经过专门训练的调查人员才能了解攻击过程。

（3）外部威胁　外部威胁来自企业以外的个人或组织，他们没有访问企业计算机系统或网络的权限。他们主要通过 Internet 或拨号访问服务器侵入网络。外部威胁的严重程度根据攻击者的专业技能而定，这些攻击者可能是业余的（无组织的），也可能是专业的（有组织的）。

（4）内部威胁　内部威胁由具备网络访问权的人员引发，他们要么拥有账户，要么可以进行物理访问。正如外部威胁一样，内部威胁的严重程度也取决于攻击者的专业技能水平。

3．攻击参与者术语及发动攻击的步骤

以前，攻击者必须具备高深的计算机、编程和网络知识才能利用基本的工具进行简单的攻击。随着时间的推移，攻击者的方法和工具不断改进，他们不再需要高深的知识即可进行攻击，这大大降低了攻击者的门槛要求。许多以前无法参与计算机犯罪的人现在也具有了这样的能力。

随着威胁、攻击和利用方式的不断发展，各种用于形容攻击参与者的术语层出不穷。一些常见的术语如下：

- 白帽客（White Hat）：指那些寻找系统或网络漏洞，然后向系统所有者报告以便其修复漏洞的个人。从理论上来说，他们并不是攻击计算机系统。白帽客通常关心的是如何保护计算机系统，而黑帽客（白帽客的对立群体）则喜欢破坏计算机系统安全。
- 黑客（Hacker）：一般术语，历史上用于形容计算机编程专家。近年来，该术语常用于形容那些企图通过未授权方式恶意访问网络资源的人，带有贬义。
- 黑帽客（Black Hat）：用于形容那些为牟取个人利益或经济利益，利用计算机系统知识侵入非授权使用的系统或网络的群体。
- 骇客（Cracker）：用于更为准确地形容非法访问网络资源的恶意群体的术语。骇客即属于一种黑帽客。
- 电话飞客（Phreaker）：指利用电话网络执行非法功能的个人。盗用电话网络的目的一般是侵入电话系统（通常是付费电话系统）后免费拨打长途电话。
- 垃圾邮件发送者（Spammer）：指发送大量未经请求的电子邮件消息的个人。垃圾邮件发送者通常利用病毒控制个人计算机，并利用它们发送大量消息。
- 网络钓鱼者（Phisher）：指使用电子邮件或其他手段哄骗其他人提供敏感信息（如信用卡号码或密码）的个人。网络钓鱼者通常仿冒那些可以合法获取敏感信息的可信团体。

攻击者的目标是破坏网络目标或网络中运行的应用程序。许多攻击者通过以下七个步骤来发动攻击。

步骤 1．执行线索分析（侦察）。企业网页可能会泄露信息，如服务器的 IP 地址。攻击者可以根据这些信息掌握企业安全状况或企业线索。

步骤 2．收集信息。攻击者可以通过监视网络流量来进一步收集信息，他们使用如 Wireshark 之类的数据报嗅探器获取信息，如 FTP 服务器和邮件服务器的版本号。带有漏洞的数据库之间交叉引用会使企业的应用程序存在潜在的威胁。

步骤 3．利用用户获取访问权。有时员工选择的密码很容易被破解。此外，狡猾的攻击者也会欺骗员工提供与访问权相关的敏感信息。

步骤 4．提高权限。攻击者获得基本的访问权后，会使用一些技巧来提高其网络权限。

步骤 5．收集其他密码和机密信息。访问权限提高后，攻击者会利用其技术获取对经过重重防护的敏感信息的访问权。

步骤 6．安装后门。攻击者可通过后门进入系统，而不会被检测到。最常见的后门是开放的侦听 TCP 或 UDP 端口。

步骤 7．利用已入侵的系统。攻击者会利用已入侵的系统，进而攻击网络中的其他主机。

1.2.2　物理基础设施面临的安全威胁

提及网络安全或者计算机安全时，人们脑海中可能浮现的是攻击者利用软件漏洞执行攻击的画面。然而一种不太引人注意但同样严重的威胁是对设备物理安全的威胁。

物理威胁分为四类：

1）硬件威胁：对服务器、路由器、交换机、布线间和工作站的物理破坏。

2）环境威胁：指极端温度（过热或过冷）或极端湿度（过湿或过干）。

3）电气威胁：电压尖峰、电源电压不足（电气管制）、不合格电源（噪音），以及断电。

4）维护威胁：指关键电气组件处理不佳（静电放电），缺少关键备用组件，布线混乱和标识不明。

其中，有些问题可以通过制定相关策略得到解决，而另一些问题则与组织中良好的领导能力和管理分不开。如果物理安全措施不够充分，则网络有可能遭到严重破坏。

以下是一些防范物理威胁的方法：

1）消除硬件威胁：锁好配线间，仅允许得到授权的人员进入，如图 1-4 所示。防止通过架空地板、窗户、管道或其他非安全入口点进入配线间。使用电子访问控制，并记录所有进入请求。使用安保摄像头监控机构内的活动。

图 1-4　消除硬件威胁

2）消除环境威胁：通过温度控制、湿度控制、加强空气流通、远程环境警报，以及记录和监控来营造适当的工作环境，以消除环境威胁，如图 1-5 所示。

3）消除电气威胁：通过安装 UPS 系统和发电机装置、遵守预防性维护计划、安装冗余电源，以及执行远程报警和监控来减少电气问题，如图 1-6 所示。

图 1-5　消除环境威胁

图 1-6　消除电气威胁

4）消除维护威胁：电缆布线整齐有序、标记重要电缆和组件、采用静电放电规程、保存关键备件，以及控制对控制台端口的访问，如图 1-7 所示。

图 1-7　消除维护威胁

1.3　网络漏洞

1.3.1　常见的网络漏洞

网络漏洞可以理解为在硬件、软件和协议等的具体实现或系统安全策略上存在的缺陷，从而可以使攻击者能够在未授权的情况下访问或破坏系统。漏洞问题是与时间紧密相关的。一个系统从发布的那一天起，随着用户的深入使用，系统中存在的漏洞会不断暴露出来，这些被发现的漏洞也会不断被系统供应商发布的补丁软件修补，或在以后发布的新版系统中得以纠正。而在新版系统纠正了旧版本中漏洞的同时，也会引入一些新的漏洞和错误。因而随着时间的推移，旧的漏洞会不断消失，新的漏洞会不断出现，漏洞问题也会长期存在。

系统安全漏洞是指可以对系统安全造成危害的、系统本身具有的或设置上存在的缺陷。总之，漏洞是系统在具体实现中的错误，比如在建立安全机制时规划上的缺陷、系统和其他软件编程中的错误，以及在使用该系统提供的安全机制时人为的配置错误等。

安全漏洞的出现，是因为人们在对安全机制理论的具体实现中发生了错误，是意外出现的非正常情况。而在一切由人类实现的系统中都会不同程度地存在实现和设置上的各种潜在错误，因而在系统中必定存在某些安全漏洞，无论这些漏洞是否已被发现，也无论该系统的理论安全级别如何。

网络漏洞会影响很大范围的软硬件设备，包括系统本身及其支撑软件、网络客户机和服务器软件、网络路由器和安全防火墙等。换言之，在这些不同的软硬件设备中都可能存在不同的安全漏洞问题。在不同种类的软硬件设备、同种设备的不同版本之间、由不同设备构成的不同系统之间，以及同种系统在不同的设置条件下，都会存在安全漏洞问题。

脱离具体的时间和具体的系统环境来讨论漏洞问题是毫无意义的。只能针对目标系统的操作系统版本、其上运行的软件版本以及服务运行设置等实际环境来具体谈论其中可能存在的漏洞及其可行的解决办法。

同时应该看到，对漏洞问题的研究必须要跟踪当前最新的计算机系统及其安全问题的最新发展动态。这一点与对计算机病毒发展问题的研究相似。如果在工作中不能保持对新技术的跟踪，就没有谈论系统安全漏洞问题的发言权，以前所做的工作也会逐渐失去价值。

讨论网络安全性时，人们往往会谈到三个术语：漏洞、威胁和攻击。

1）漏洞是指网络和设备的薄弱处。这些设备包括路由器、交换机、台式计算机、服务器，甚至安全设备。

2）威胁是指喜欢利用安全弱点并具有相关技能的个人。这些人会不断寻找新的漏洞和弱点。

3）攻击指使用各种各样的工具、脚本、程序发起对网络和网络设备的攻击。一般而言，受到攻击的网络设备都是端点设备，如服务器和台式计算机。

1.3.2 漏洞的产生

漏洞主要是因为设计和实施中出现错误所致，造成信息完整性、可获得性和保密性受损。错误通常在软件中，也存在于各个信息系统层，从协议规格到设计再到物理硬件。网络漏洞还可能是恶意用户或自动恶意代码故意为之。重要系统或网络中的单个漏洞可能会严重破坏一个机构的安全态势。

任何系统或网络中的弱点都是可防的。目前有许多系统和网络漏洞分析器，包括自动漏洞检测系统和 TIGER 系统。网络攻击向量是对某一个或多个具体目标实施攻击的明确的路径。自动漏洞检测系统和 TIGER 系统模拟网络攻击分析网络的整个态势，常规失败概率很低。

网络专家利用的其他类似工具有安全管理员网络集成工具（SAINT）和网络映射器（NMAP）。NMAP 是一种基于漏洞的评估工具，既快又可靠。NMAP 携带方便、操作简单，黑客也常常使用。它可用于 Linux、UNIX 和 Windows 平台的多种版本，能轻松扫描包含成百上千个系统和服务器的巨型网络。SAINT 和 NMAP 能对网络的端口或服务系统进行扫描，显然也能被恶意和非恶意者利用。攻击特征和地址性质决定了新的攻击或攻击向量能躲过大多数漏洞评估工具。

例如，如果端口 21 是文件传输协议（FTP）的默认端口正在运行的会话，那么对网络服务器进行快速漏洞检查，就能发现潜在的问题。传统的 FTP 程序不提供数据加密，用户认证级别很低，因此在传输中窃取未加密数据相对容易。由于用户认证系统功能不强，黑客如果能诱骗系统认为他是 FTP 服务器的合法用户，就能进入系统，这就出现了安全问题。解决这些漏洞的方法就是应用加密技术。Secure-Shell（SSH）FTP 或 SFTP 通过加密来保证数据的完整性和保密性。SFTP 利用 SSH 进行可靠的数据连接来保证远程文档安全传输。该协议使用端口 22，系统管理员不用传统的 FTP 服务器，因此不需要使用端口 21，当运行 SFTP 时，如果有管理员忘记关掉 FTP，就会为黑客留下可利用的后门。

漏洞评估工具是双向的。尽管它们可为管理员评估系统和网络状态提供非常重要的功能，但这些工具也为恶意黑客提供了扫描功能。任何端口扫描工具都能远程探听网络服务器，决定哪个端口是对外部开放的。黑客还能发现这些开放的端口是否可以利用。

1.3.3 漏洞的类型

网络漏洞的种类很多，人们可根据其产生的原因、存在的位置和漏洞攻击的原理来进行分类，见表 1-2。

表 1-2 漏洞的分类

漏洞产生原因			漏洞存在位置				漏洞攻击原理				
故意		无意	软件			硬件	拒绝服务	缓冲区溢出	欺骗攻击	后门攻击	程序错误
恶意	非恶意		应用软件漏洞	系统漏洞	服务器漏洞						

网络中的许多漏洞都是由于设计人员和程序员的疏忽或失误及对网络环境的不熟悉造成的。进行网络开发时，许多开发者并不重视网络的安全情况，也不完全了解程序的内部工作机理，致使程序不能适应所有的网络环境，造成网络功能与安全策略发生冲突，最终导致漏洞的产生。另有一部分漏洞则是网络用户刻意为之的。网络管理员为了更好地监管和控制网络，往往预留秘密通道，以保证对网络的绝对控制。部分网络用户或黑客也许会出于好奇而在网络中秘密种下木马、逻辑炸弹或是陷门。网络中的漏洞可以存在于硬件和软件中，但更多地还是以软件漏洞的形式存在。无论是网络应用软件，还是单机应用软件，都广泛隐藏着漏洞。网络中的聊天软件（如 QQ）、文件传输软件（如 FlashFXP、CuteFTP）、浏览器软件（如 IE）、办公软件（如 Microsoft Word），都存在着可导致泄密和进行网络攻击的漏洞。在各种操作系统中也同样存在着大量漏洞，例如，Windows 系统中存在 RPC 远程任意代码执行漏洞等，RedHat 中存在可通过远程溢出获得 root 权限的漏洞等，各种版本的 UNIX 系统中存在着大量可导致缓冲器溢出的漏洞等。在 Internet 中提供服务的各种服务器中，漏洞存在的情况和导致的危害更严重。无论是 Web 服务器、FTP 服务器、邮件服务器，还是数据库服务器和流媒体服务器，都存在着可导致网络攻击的安全漏洞。脚本语言的设计缺陷和使用不规范，更是令 Internet 的安全状况雪上加霜。

漏洞（或称缺陷）主要包括技术缺陷、配置缺陷和安全策略缺陷。

（1）技术缺陷　计算机和网络技术自身都有一定的安全缺陷。TCP/IP、操作系统和网络设备都存在缺陷，见表 1-3。

表 1-3 技术缺陷

TCP/IP 缺陷	HTTP、FTP、ICMP 本身就不安全
	SNMP、SMTP、SYN 泛洪都受到固有的不安全结构的影响，而 TCP 正是建立在这种结构之上的
操作系统缺陷	UNIX、Linux、Mac OS X、Windows NT/9x/2000/XP/Vista 等系统都存在不可忽视的安全问题
网络设备缺陷	各种网络设备（如交换机、路由器、防火墙等）都存在自己的安全缺陷，应进行针对性的防护。设备缺陷包括密码保护、身份验证、路由协议、防火墙等缺陷

（2）配置缺陷 网络管理员或网络工程师需要了解存在哪些配置缺陷，并正确配置计算机和网络设备以弥补这些缺陷，见表 1-4。

表 1-4 配置缺陷

配置缺陷	存在的问题
用户账户不安全	用户信息在网络上使用不安全的方式传输，导致用户名和密码被他人窃取
系统账户的密码容易被猜到	此问题很常见，通常是因为用户密码选择不当导致
Internet 服务配置错误	在 Web 浏览器上打开 JavaScript，往往会导致访问不受信任的站点而遭受恶意的 JavaScript 攻击，IIS、FTP 和终端服务也会带来问题
产品的默认设置不安全	许多产品的默认设置容易带来安全问题
网络设备配置错误	设备本身的配置错误会带来严重的安全问题，例如，误配置的访问列表、路由协议或 SNMP 社区字符串都可能带来大量安全隐患

（3）安全策略缺陷 如果用户不遵守安全策略，那么将为网络带来安全风险。表 1-5 中列出了一些常见的安全策略缺陷。

表 1-5 安全策略缺陷

策略缺陷	存在的问题
缺乏书面的安全策略	未以书面形式记录的策略无法得到长久有效的执行
政治原因	政治斗争和争权夺利可能导致难以长期执行相同的安全策略
缺乏身份验证的持续性	如果密码选择不当，易于破解，甚至是默认密码，都可能致使网络遭到未授权的访问
没有实行逻辑访问控制	监控和审计力度不够，导致攻击和未授权使用不断发生，浪费资源
软件和硬件的安装与更改没有遵循策略来执行	未经授权更改网络拓扑或安装未经准许的应用程序，会造成安全漏洞
没有设计灾难恢复计划	缺乏灾难恢复计划，可能造成企业在遭到攻击时发生恐慌和混乱

1.3.4 修补数据中心的网络漏洞

安全的数据中心可以帮助企业降低业务宕机和安全问题造成的损失。传输数据可能存在风险，网络管理员需要对此加以重视。具体修补数据中心网络漏洞的方法如下。

1. 设置捕获点

企业安全专家可能尝试的方法是，通过启用 Wireshark 捕获网络中的两个不同点，来验证防火墙的性能及效率。首先，在直通模式设备的非军事区中开启混合模式，并启动 Wireshark 进行抓包，这样能获取到所有试图通过网络的未过滤数据报。然后，立即在防火墙后的某台设备上开启 Wireshark，根据实际网络拓扑配置一个监控点。在数据获取到一定量后，保存数据并开始分析。

2. 检查是否有入侵

对比 Wireshark 捕获的两个数据报，对比依据为防火墙上设置的过滤规则，检查数据是否存在差异。例如，许多防火墙默认屏蔽所有 TCP 23 端口的 Telnet 流量，可以尝试从外部网络发起针对内部网络设备的 Telnet 登录，检查 Wireshark 获取的数据内容，验证数据报是否发往了防火墙。接下来，需要验证防火墙后的 Wireshark 数据，通过过滤器筛选 Telent 流量，如果发现有任何 Telnet 记录，则说明防火墙配置存在严重问题。

警觉的安全专家需要时刻意识到上述 Telnet 测试是最基本的，对生产环境并不会有任何影响，因为当前较复杂的防火墙已经可以轻松拒绝传统非安全协议，如 Telnet 和 FTP。当通过 Wireshark 捕捉两台网络设备的数据报后，就可以开始使用更深入的包检测方法。

3. 限制网络端口

在开启 Wireshark 一段时间后，停止捕捉并将文件保存为 PCAP 文件格式。如果两个捕捉点之间有任何互联网信息数据传输，那么数据报的数量将很快达到上千个。

大多数企业都需要某种类型的网站进行展示，业务需要 Web 服务器，而且服务器通常要开放 TCP 80 端口。由于通过 80 端口的 HTTP 流量无须任何验证，许多攻击者操作 HTTP 报文作为通过防火墙的方法，并以此窃取重要数据，如图 1-8 所示。简单来说，HTTP 报文是大多数防火墙允许通过并直接放行的报文，所以攻击者会将攻击信息捎带在正常的数据报文中，作为获得某些授权的方式。

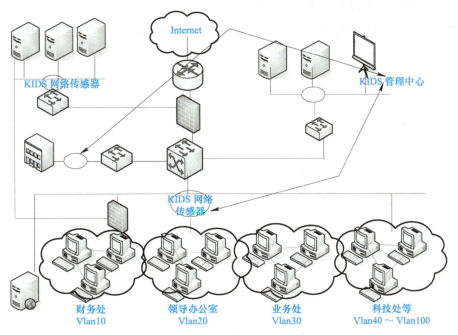

图 1-8　通过防火墙攻击网络端口

1.4 本章习题

一、选择题

1. 将网络威胁类别和安全缺陷正确搭配起来（在网络威胁类别后面的括号中填入其对应的安全缺陷，答案可以使用多次）。

   （1）TCP/IP 和 ICMP 缺陷（　　）　　（2）不安全的用户账号（　　）

   （3）不安全的默认设置（　　）　　（4）缺乏灾难恢复计划（　　）

   （5）缺乏一致性和连续性（　　）　　（6）操作系统缺陷（　　）

   （7）网络设备缺陷缺乏灾难恢复计划（　　）

   A．技术缺陷　　B．配置缺陷　　C．安全策略缺陷

2. 物理安全的主要内容包括（　　）。

   A．设备安全　　B．环境安全　　C．媒体安全　　D．以上均是

3. 对于计算机系统，由环境因素所产生的安全隐患包括（　　）。

   A．恶劣的温度、湿度、灰尘、火灾、地震等

   B．人为的破坏

   C．强电场、磁场等

   D．以上均是

二、简答题

1. 简述网络安全的定义。
2. 企业网络面临哪些安全威胁？
3. 常见的网络安全技术手段包括哪些？
4. 网络漏洞包括哪些类型？如何修补数据中心的网络漏洞？

第 2 章　网络攻击与安全防护

2.1　网络攻击

2.1.1　网络攻击的发展趋势

网络攻击是指针对计算机信息系统、基础设施、计算机网络或个人计算机设备的任何类型的进攻动作。在最近几年里，网络攻击技术和攻击工具有了新的发展趋势，使借助 Internet 运行业务的机构面临着前所未有的风险。

Internet 上的安全是相互依赖的。系统遭受攻击的可能性取决于连接到 Internet 上其他系统的安全状态。由于攻击技术的进步，一个攻击者可以比较容易地利用分布式系统对一个受害者发动破坏性的攻击。随着部署自动化程度和攻击工具管理技巧的提高，威胁将继续增加。

1．用户发现安全漏洞越来越快

新发现的安全漏洞每年都在增加，管理人员不断用最新的补丁修补这些漏洞，而且每年都会发现安全漏洞的新类型。入侵者经常能够在厂商修补这些漏洞前发现攻击目标。

2．防火墙渗透率越来越高

防火墙是人们用来防范入侵者的主要保护措施，但是越来越多的攻击技术可以绕过防火墙。例如，IPP（Internet 打印协议）和 WebDAV（基于 Web 的分布式创作与翻译）都可以被攻击者利用来绕过防火墙。

3．攻击工具越来越复杂

攻击工具开发者正在利用更先进的技术武装攻击工具。与以前相比，攻击工具的特征更难被发现，更难利用特征进行检测。攻击工具具有三个特点：反侦破，攻击者采用隐蔽攻击工具特性的技术，这使安全专家分析新攻击工具和了解新攻击行为所耗费的时间增加；动态变化，早期的攻击工具是以确定的顺序执行攻击步骤的，当前的自动攻击工具可以根据随机选择、预先定义的决策路径或入侵者直接管理，来变换它们的模式和行为；与早期的攻击工具不同，当前的攻击工具可以通过升级或更换工具的一部分来发动迅速变化的攻击，并且在每一次攻击中都会出现多种不同形态的攻击工具。此外,攻击工具越来越普遍地被开发为可在多种操作系统平台上执行。许多常见的攻击工具使用 IRC 或 HTTP(超文本传输协议)等协议,从入侵者那里向受攻击的计算机发送数据或命令,使得人们区别攻击数据与正常、合法的网络传输流量变得越来越困难。

4. 自动化和攻击速度提高

攻击工具的自动化水平不断提高。自动攻击一般涉及四个阶段,在每个阶段都出现了新变化。

1)扫描可能的受害者。自 1997 年起,广泛的扫描司空见惯。目前,扫描工具利用先进的扫描模式来改善扫描效果和提高扫描速度。

2)损害脆弱的系统。以前,安全漏洞只在广泛的扫描完成后才被利用。而目前,攻击工具利用这些安全漏洞作为扫描活动的一部分,从而加快了攻击的传播速度。

3)传播攻击。在 2000 年之前,攻击工具需要人来发动新一轮攻击。目前,攻击工具可以自己发动新一轮攻击。像红色代码和尼姆达这类工具能够自我传播,在不到 18h 内就能达到全球饱和点。

4)攻击工具的协调管理。随着分布式攻击工具的出现,攻击者可以管理和协调分布在 Internet 系统上的大量已部署的攻击工具。分布式攻击工具能够更有效地发动拒绝服务攻击,扫描潜在的受害者,危害存在安全隐患的系统。

5. 对基础设施威胁增大

基础设施攻击是大面积影响 Internet 关键组成部分的攻击。由于用户越来越多地依赖 Internet 完成日常业务,所以基础设施攻击让人们越来越担心。基础设施面临分布式拒绝服务攻击、蠕虫病毒、对 Internet 域名系统(DNS)的攻击、对路由器的攻击和利用路由器的攻击。

拒绝服务攻击利用多个系统攻击一个或多个受害系统,使受攻击系统拒绝向其合法用户提供服务。攻击工具的自动化程序使得一个攻击者可以安装其工具并控制几万个受损害的系统发动攻击。入侵者经常搜索包含大量高速连接的易受攻击的系统地址块,电缆调制解调器、DSL 和大学地址块逐渐成为计划安装攻击工具的入侵者的目标。由于 Internet 由有限且可消耗的资源组成,因此拒绝服务攻击十分有效。蠕虫病毒是一种自我繁殖的恶意代码。与需要用户做某种操作才能继续繁殖的病毒不同,蠕虫病毒可以自我繁殖。它们可以利用安全漏洞,使大量的系统在几个小时内受到攻击。一些蠕虫病毒包括内置的拒绝服务攻击载荷或 Web 站点损毁载荷,另一些蠕虫病毒则具有动态配置功能。这些蠕虫病毒的最大影响是:由于它们传播时生成海量的扫描传输流,因此实际上在 Internet 上生成了拒绝服务攻击,从而造成大量间接的破坏。

2.1.2 网络攻击的过程

网络漏洞的广泛存在为网络攻击提供了机会,但在一般情况下,普通的网络用户不易受到恶意攻击。相比而言，网络服务器在网络中具有重要作用，而且其安装的软件和开放的端口更多，因此也就更容易招致网络攻击。但无论是接收服务的个人用户还是提供服务的服务器用户，都不能对网络中的漏洞掉以轻心，必须充分认识网络漏洞的危害，并对利用漏洞发动网络攻击的原理有一定的了解。

1．网络攻击的类型

网络信息系统所面临的威胁来自很多方面，而且会随着时间的变化而变化。从宏观上看，这些威胁可分为自然威胁和人为威胁。

自然威胁来自各种自然灾害、恶劣的场地环境、电磁干扰、网络设备的自然老化等。这些威胁是无目的的，但会对网络通信系统造成损害，危及通信安全。而人为威胁是对网络信息系统的人为攻击，通过寻找系统的弱点，以非授权方式达到破坏、欺骗和窃取数据信息等目的。两者相比，精心设计的人为攻击威胁难防备、种类多、数量大。从对信息的破坏性上看，攻击类型可以分为主动攻击和被动攻击。

（1）主动攻击　主动攻击会导致某些数据流的篡改和虚假数据流的产生。这类攻击可分为篡改消息、伪造和拒绝服务。

①篡改消息：篡改消息是指一个合法消息的某些部分被改变、删除，消息被延迟或改变顺序，通常用以产生一个未授权的效果。如修改传输消息中的数据，将"允许甲执行操作"改为"允许乙执行操作"。

②伪造：伪造指的是某个实体（人或系统）发出含有其他实体身份信息的数据信息，假扮成其他实体，从而以欺骗方式获取一些合法用户的权利和特权。

③拒绝服务：拒绝服务即常说的 DoS（Deny of Service），会导致对通信设备的不正常使用或管理被无条件地中断。拒绝服务通常是对整个网络实施破坏，以达到降低性能等目的。这种攻击也可能有一个特定的目标，例如，到某一特定目的地（如安全审计服务）的所有数据报都被阻止。

（2）被动攻击　在被动攻击中，攻击者不对数据信息做任何修改，通常包括流量分析、窃听、破解弱加密的数据流等攻击方式。

1）流量分析：流量分析攻击方式适用于一些特殊场合。例如，敏感信息都是保密的，攻击者虽然从截获的消息中无法得到消息的真实内容，但能通过观察这些数据报的模式，分析并确定出通信双方的位置、通信的次数及消息的长度，获知相关的敏感信息。

2）窃听：窃听是常用的手段。目前应用最广泛的局域网上的数据传送是基于广播方式进行的，这就使一台主机有可能收到本子网上传送的所有信息。而计算机的网卡工作在混杂模式时，它就可以将网络上传送的所有信息传送到上层，以供进一步分析。如果没有采取加密措施，通过协议分析，可以完全掌握通信的全部内容。窃听还可以用无限截获的方式得到信息，通过高灵敏接收装置接收网络站点辐射的电磁波或网络连接设备辐射的电磁波，通过对电磁波的分析恢复原数据信号，从而获得网络信息。尽管有时数据信息不能通过电磁波全部恢复，但可能得到极有价值的内容。

由于被动攻击不会对被攻击的信息做任何修改，留下的痕迹很少，或者根本不留下痕迹，因而非常难以检测，所以抗击这类攻击的重点在于预防，具体措施包括使用虚拟专用网

（VPN）、采用加密技术保护信息以及使用交换式网络设备等。被动攻击不易被发现，因而常常是主动攻击的前奏。

被动攻击虽然难以检测，但可采取措施有效地预防，而要有效地防止攻击是十分困难的，开销太大。抗主动攻击的主要技术手段是检测，以及从攻击造成的破坏中及时地恢复。检测还具有某种威慑效应，在一定程度上也能起到防止攻击的作用。主动攻击的具体措施包括自动审计、入侵检测和完整性恢复等。

2．网络攻击的步骤

网络攻击的一般步骤如下。

（1）隐藏己方位置　普通攻击者都会利用别人的计算机隐藏自己真实的 IP 地址。成熟的攻击者还会利用 800 电话的无人转接服务连接 ISP，然后盗用他人的账号上网。

（2）寻找并分析目标主机　攻击者首先要寻找目标主机并分析。在 Internet 中，能真正标识主机的是 IP 地址，域名是为了便于记忆主机的 IP 地址而另起的名字，只要利用域名和 IP 地址就能顺利地找到目标主机。当然，知道了要攻击目标的位置是远远不够的，还必须将主机的操作系统类型及其所提供的服务等进行全方面的了解。此时，攻击者会使用一些扫描工具来获取目标主机运行的是哪种操作系统的哪个版本，系统有哪些账户，WWW、FTP、Telnet、SMTP 等服务器是何种版本等内容，为入侵做好充分的准备。

（3）获取账号和密码　攻击者要想入侵一台主机，首先要获取该主机的账号和密码，否则连登录都无法进行。这样常迫使攻击者先设法盗窃账户文件，进行破解，从中获取账户和口令，再寻觅合适的时机以此身份进入主机。当然，利用某些工具或系统漏洞登录主机也是攻击者常用的一种技法。

（4）获得控制权　攻击者用 FTP、Telnet 等工具通过系统漏洞进入目标主机系统，获得控制权之后就会做两件事：清除记录和留下后门。攻击工具会更改某些系统设置，或在系统中置入特洛伊木马或其他一些远程操纵程序，以便日后能不被觉察地再次进入系统。大多数后门程序是预先编写好的，只需要想办法修改时间和权限就能使用了，甚至新文件的大小都和原文件相同。攻击者一般会使用 rep（重放攻击）传递这些文件，以便不留下 FTB 记录。使用清除日志、删除复制的文件等手段来隐藏自己的踪迹之后，攻击者就会开始下一步的行动。

（5）窃取资源　攻击者找到攻击目标后，会继续下一步的攻击，窃取网络资源，如下载敏感信息、窃取账号及密码等。

2.1.3　侦察攻击

侦察是指在未经授权的情况下对系统、服务或漏洞进行搜索并绘制示意图，这种攻击也称为信息收集。大多数情况下，它充当其他攻击类型的先导。侦察类似于小偷伺机寻找容易下手的住宅，如无人居住或门窗容易打开的住宅。

常见的侦察攻击包括以下几种。

（1）Internet 信息查询 外部攻击者可以使用 Internet 工具（如 nslookup 和 whois 实用程序）轻松地确定分配给企业或实体的 IP 地址空间，如图 2-1 所示。

（2）ping 扫描 确定 IP 地址空间后，攻击者可以 ping 这些公有 IP 地址以确定哪些地址正在使用。有时攻击者可能会使用 ping 扫描工具（如 fping 或 gping）来自动化这一过程，这些工具可以系统地 ping 给定范围或子网内的所有网络地址。这类似于浏览电话簿的某一部分，拨打其中列出的每个号码，看哪些号码有人接听，如图 2-2 所示。

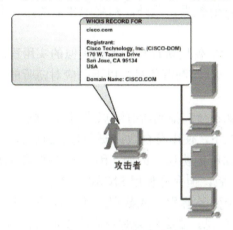

图 2-1 Internet 信息查询   图 2-2 ping 扫描

（3）端口扫描 当确定了活动 IP 地址之后，入侵者可以使用端口扫描程序确定活动 IP 地址上的哪些网络服务或端口处于活动状态。端口扫描程序（如 NMAP 或 Superscan）是专为搜索网络主机的开放端口而设计的软件。端口扫描程序查询端口以确定目标主机上运行的应用程序以及操作系统（OS）的类型和版本。根据这些信息，入侵者可以确定是否存在可供利用的漏洞。网络侦测工具（如 NMAP）可用于执行主机发现、端口扫描、版本检测和操作系统检测，如图 2-3 所示。很多网络侦测工具都能方便地获得，而且使用方法简单。

（4）数据报嗅探 内部攻击者可能会试图"窃听"网络通信。网络窃听和数据报嗅探是用于指代窃听行为的常用术语。通过窃听收集到的信息可用于对网络进行其他类型的攻击，如图 2-4 所示。

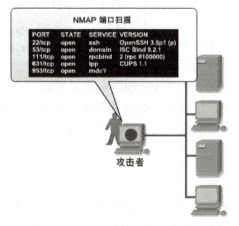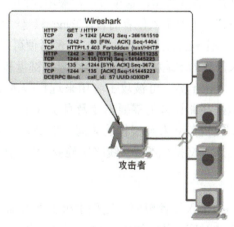

图 2-3 端口扫描   图 2-4 数据报嗅探

以下是窃听的两种常见用途。

1）信息收集：网络入侵者识别出数据报中携带的用户名、密码或信息。

2）信息窃取：入侵者窃取内部或外部网络中传输的数据。网络入侵者还可以通过未授权访问从联网的计算机中窃取数据。例如，闯入并窃听金融机构的通信并设法获得信用卡号。

一种易被窃听的数据是 SNMP 第 1 版中以明文方式发送的社区字符串。SNMP 是一种管理协议，它为网络设备提供收集状态信息以及将该信息发送给管理员的方法。入侵者可以窃听 SNMP 查询，并收集有关网络设备配置的有价值数据。此外，网络中传输的用户名和密码也容易被截获。

窃听通常是捕获 TCP/IP 或其他协议数据报，然后使用协议分析器或类似的实用程序将内容解码。捕获到数据报之后，可以对其进行检查以获得漏洞信息。以下是应对窃听的三种最有效的方法。

1）使用交换网络代替集线器，这样通信流量就不会广播到所有端点或网络主机。

2）在不为系统资源或用户增加额外负担的情况下，使用符合数据安全需要的加密技术。

3）实施并强制执行策略规定，禁止使用易被窃听的协议。例如，因为 SNMP 第 3 版可以加密社区字符串，所以可以禁止使用 SNMP 第 1 版，但允许使用 SNMP 第 3 版。

加密可以为数据提供保护，防止窃听攻击、密码破解程序或数据篡改。几乎每家企业都会有一些敏感交易信息，如果被窃听者获知这些信息，那么将会对企业造成负面影响。加密可以确保敏感数据在易被窃听的介质中传输时，不会被窃听者篡改或查看到其内容。当数据到达目的主机时，需要对其进行解密。

有一种称为仅负载加密的加密方法。该方法加密位于用户数据报协议（UDP）或 TCP 报头之后的负载部分（数据部分）。该方法使 Cisco IOS 路由器和交换机能够读取网络层信息，并将流量作为任何其他 IP 数据报转发。流量交换和所有访问列表功能都能使用仅负载加密，而且工作方式与处理普通文本流量的方式相同，因此能够为所有数据保持必需的服务质量（QoS）。

2.1.4　Telnet 攻击

在远程服务中，人们可以得到很多便利。但是安全一直是个大问题。尤其是 Telnet 攻击，这个攻击常被用来控制主机。可以把 Telnet 当成一种通信协议，但对于入侵者而言，Telnet 只是一种远程登录的工具。一旦入侵者与远程主机建立了 Telnet 连接，入侵者便可以使用目标主机上的软硬件资源，而入侵者的本地机只相当于一个只有键盘和显示器的终端而已。

2.1.4　Telnet 攻击

Telnet 协议可被攻击者用来远程侵入交换机。虽然人们为 vty 线路配置了登录口令，并将这些线路设置为需要口令及身份验证才能允许访问。这提供了必要的基本安全性，有助于使交换机免受未经授权的访问。但是，这并不是保护 vty 线路的安全方法。攻击者可以利用工具来对交换机的 vty 线路实施暴力密码破解攻击。

1．Telnet 攻击是控制主机的第一手段

如果入侵者想要在远程主机上执行命令，首先需要建立连接，然后使用 net time 命令查看系统时间，最后使用 at 命令建立计划任务。虽然这种方法能够远程执行命令，但相比之下，

Telnet 方式对入侵者而言会方便得多。入侵者一旦与远程主机建立 Telnet 连接，就可以像控制本地计算机一样来控制远程计算机。可见，Telnet 方式是入侵者惯于使用的远程控制方式，当入侵者千方百计地得到远程主机的管理员权限后，一般都会使用 Telnet 方式进行登录。

2. 使用 Telnet 作为跳板

入侵者把用来隐身的"肉鸡"（所谓"肉鸡"，就是拥有管理权限的远程计算机，也就是受黑客控制的远程计算机）称为"跳板"，他们经常用这种方法从一个"肉鸡"登录到另一个"肉鸡"，这样在入侵过程中就不会暴露自己的 IP 地址。

由于 Telnet 功能太强大，而且也是被用来频繁攻击的对象，经常会出现黑客进行 Telnet 攻击的事情，因此微软公司为 Telnet 添加了身份验证，称为 NTLM 验证。NTLM 验证要求 Telnet 终端除了需要有 Telnet 服务主机的用户名和密码外，还需要满足 NTLM 验证关系。NTLM 验证大大增强了 Telnet 主机的安全性，就像一只"拦路虎"把很多入侵者拒之门外。

2.1.5 密码攻击及暴力密码攻击

利用数据报嗅探器获得通过明文传输的用户账户和密码是密码攻击的一种。但密码攻击通常是指反复尝试登录到共享资源（如服务器或路由器），以确定用户账户和密码。密码攻击通常包括"字典攻击"或"彩虹表攻击"。

要发动字典攻击，攻击者可以使用如 L0phtCrack 或 Cain 之类的工具。这些工具反复尝试使用从字典中得来的单词进行用户登录。字典攻击通常都会成功，因为用户习惯于选择简单的密码，这些密码长度短，是某个单词或其简单的变体，所以很容易猜测，例如为单词添加数字 1。

另一种密码攻击方法是使用彩虹表（Rainbow Table）。彩虹表是预先计算的密码序列，它由一连串纯文本密码链组成。每条链都以随机选择的纯文本密码开始，随后连续应用其变体。攻击软件将不断应用彩虹表中的密码，直到成功获取正确的密码。要发动彩虹表攻击，攻击者可以使用 L0phtCrack 之类的工具。

暴力密码攻击工具更为复杂，因为它使用字符集组合来计算由这些字符组成的每个可能的密码，并尝试使用这些密码进行全面搜索。该方法的缺点是完成此类攻击需要花费较长的时间。暴力攻击工具可以在不到 1min 内破解简单的密码。而更长、更复杂的密码则可能需要花费几天或几周才能破解。

用户可以使用复杂的密码并指定最小密码长度来应对密码攻击。应对暴力攻击的方法则是限制失败登录尝试的次数。但是，暴力密码攻击还可以在离线状态下进行。例如，如果攻击者通过窃听或访问配置文件窥探到加密的密码，则可以在没有实际连接到主机的情况下尝试破解密码。

暴力密码攻击的第一阶段是攻击者使用一个常用密码列表和一个专门设计的程序。如果用户密码使用的不是字典中的单词，那么此时仍然是安全的。在暴力攻击的第二阶段，攻击者又使用一个程序，这个程序创建顺序字母组合，试图"猜测"密码。只要有足够的时间，暴力密码攻击可破解大多数密码。限制暴力密码攻击漏洞的最简单办法是频繁更改密码，并使用大小写字母和数字随机混合的强密码。

2.1.6 信任利用攻击与中间人攻击

1. 信任利用攻击

信任利用攻击的目标是攻破一台受信任的主机，然后使用它作为跳板攻击网络中的其他主机，如图 2-5 所示。如果公司网络中的主机受到防火墙的保护（内部主机），但该主机可以通过防火墙外部的信任主机（外部主机）进行访问，那么攻击者就可以通过可信的外部主机攻击内部主机。

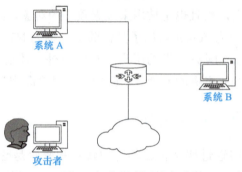

图 2-5　信用利用攻击

要避免遭受信任利用攻击，可以严格限制网络中的信任级别，例如在包含多台公共服务器的公共服务网段部署私有 VLAN。防火墙内部的系统不应该完全信任防火墙外部的系统。此类信任应该限于特定的协议，并且应该尽可能使用除 IP 地址以外的方式进行身份验证。

2. 中间人攻击

中间人（MITM）攻击是指攻击者设法将自己置于两台合法主机之间，并据此发动攻击，如图 2-6 所示。攻击者可能允许主机之间进行正常通信，但会定期操纵这两台主机之间的会话。攻击者可以使用多种手段介入两台主机之间。此处只简要介绍一种常见的方法，即透明代理（Proxy）攻击，以帮助读者了解 MITM 攻击的本质。

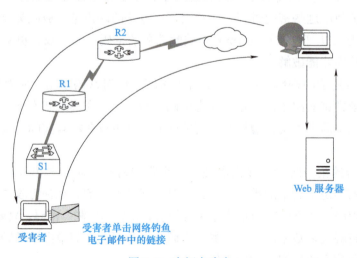

图 2-6　中间人攻击

在透明代理攻击中，攻击者首先通过网络钓鱼电子邮件或欺诈网站控制一名受害者，然后攻击者在合法网站的 URL 前面添加另一个 URL（预先设计好的 URL）。例如，将 http:www.lnjd.com 变成 http:www.attacker.com/http://www.lnjd.com。具体的攻击步骤如下。

1）当受害者请求网页时，受害者的主机将把请求发送到攻击者的主机。
2）攻击者的主机接收到请求，从合法网站获取实际页面。
3）攻击者可以改变合法网页，并任意改变其中的数据。
4）攻击者随后将所请求的网页转发给受害者。

其他类型的 MITM 攻击可能更具危害性。如果攻击者设法进入了重要位置，则可以窃取信息，劫持当前会话以获取私有网络资源的访问权，发动 DoS 攻击，破坏传输数据，或者在网络会话中加入新的信息。

要避免 WAN MITM 攻击，可以使用 VPN 隧道，这样攻击者就只能看到无法破译的已加密文本。LAN MITM 攻击使用 ettercap 和 ARP 中毒之类的工具。通常可以通过在 LAN 交换机上配置端口安全功能来消除大多数 LAN MITM 攻击。

2.1.7 端口重定向攻击

端口重定向攻击是信任利用攻击的一种，它使用被入侵的主机来传递正常情况下会被防火墙拦截的流量，如图 2-7 所示。假设有三个接口，并且每个接口都连接一台主机的防火墙。其中，位于外部的主机可以连接到位于公共服务网段上的主机，但无法连接到位于内部的主机。可公开访问的网段通常称为非军事区（DMZ）。公共服务网段上的主机可以同时连接到内部主机和外部主机。如果攻击者能够入侵公共服务网段上的主机，那么他们可以通过安装软件将来自外部主机的流量直接重定向到内部主机。尽管两者之间的通信没有违反防火墙中实行的规则，但现在外部主机达到了目的，能够通过公共服务主机上的端口重定向过程连接到内部主机。一种能够提供此类访问的实用程序是 netcat。

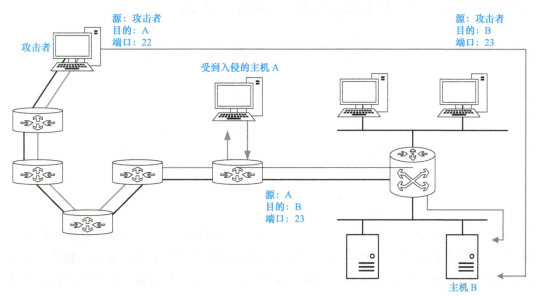

图 2-7 端口重定向攻击

避免端口重定向的主要方法是使用适当的信任模型，所要选取的信任模型视网络而定。当系统遭受攻击时，基于主机的入侵检测系统（IDS）可以帮助检测攻击者，并防止在主机上安装端口重定向之类的实用程序。

2.1.8　DoS 攻击与 DDoS 攻击

1．DoS 攻击

另一类 Telnet 攻击是 DoS（Denial of Service，拒绝服务）攻击。在 DoS 攻击中，攻击者利用了交换机上所运行的 Telnet 服务器软件中的一个缺陷，这个缺陷可使 Telnet 服务不可用。这种攻击极其令人头疼，因为它妨碍管理员执行交换机管理功能。

DoS 攻击是指攻击者通过禁用或破坏网络、系统、服务来拒绝为特定用户提供服务的一种攻击方式。DoS 攻击可使系统崩溃或将系统性能降低至无法使用的状态。但是，DoS 攻击也可以只是简单地删除或破坏信息。大多数情况下，执行此类攻击只需简单地运行黑客程序或脚本即可。

DoS 攻击是知名度非常高的攻击，而且也是最难防范的攻击。即使在攻击者社区中，DoS 攻击也被认为是虽然简单但十分恶劣的方式。由于其实施简单、破坏力强大，因此安全管理员需要特别关注 DoS 攻击。DoS 攻击的方式多种多样，不过其目的都是通过消耗系统资源而使授权用户无法正常使用服务。

死亡之 ping 攻击盛行的时间可以追溯到 20 世纪 90 年代末期。它利用了较旧版本操作系统中的漏洞，如图 2-8 所示。此类攻击会修改 ping 数据报头中的 IP 部分，使得数据报中的数据从表面上看起来比实际数据多。通常情况下，ping 数据报的长度为 64～84 个字节，而死亡之 ping 可以高达 65535 个字节。发送如此庞大的 ping 数据报可能会导致较旧的目标计算机崩溃。目前，大多数网络已经不再易于遭受此类攻击。

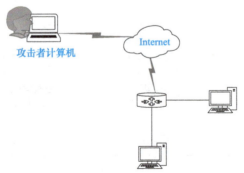

图 2-8　死亡之 ping 攻击

SYN 泛洪攻击利用了 TCP 的三次握手，如图 2-9 所示。它会向目标服务器发送大量 SYN 请求（超过 1000 个）。服务器使用常规的 SYN-ACK 响应做出回复，但恶意主机始终不发送最后的 ACK 响应来完成握手过程，从而占用大量服务器资源，直到资源最终耗尽而无法响应有效的主机请求。

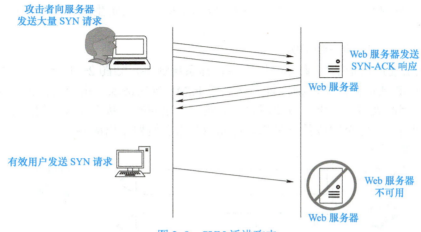

图 2-9 SYN 泛洪攻击

其他类型的 DoS 攻击如下。

1）电子邮件炸弹：是指向个人、列表或域批量发送电子邮件，从而独占电子邮件服务的程序。

2）恶意小程序：指破坏或占用计算机资源的 Java、JavaScript 或 ActiveX 程序。

2．DDoS 攻击

DDoS（Distributed Denial of Service，分布式拒绝服务）攻击的目的是使用非法数据淹没网络链路。数据会淹没 Internet 链路，导致合法流量被丢弃，如图 2-10 所示。DDoS 攻击使用的攻击方式类似于标准 DoS 攻击，但规模远比 DoS 攻击大。通常会有成百上千个攻击点试图淹没攻击目标。

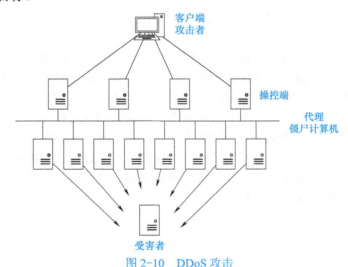

图 2-10 DDoS 攻击

通常，DDoS 攻击包括以下三个部分。

1）客户端：通常是发起攻击的人。

2）操控端：这是已被入侵的主机，其上运行着攻击者程序，每个操控端都可以控制多个代理。

3）代理：这是运行攻击者程序的已被入侵的主机，它负责生成直接发往预定受害者的数据报流。

以下是 DDoS 攻击的一些示例：

Smurf 攻击使用伪造的广播 ping 消息向目标系统泛洪，如图 2-11 所示。首先攻击者从有效的伪造源 IP 地址向网络广播地址发送大量 ICMP 响应请求。由于路由器会执行第三层广播的功能，因此大多数主机都将使用 ICMP 响应做出应答，从而导致通信流量剧增。在多路访问广播网络中，每个回应数据报都很可能由数百台机器做出应答。

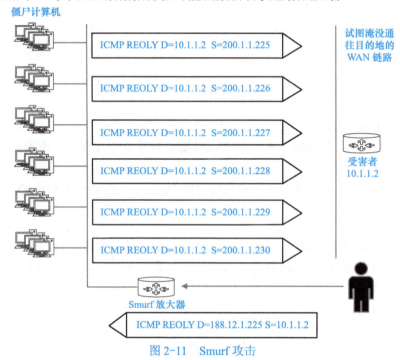

图 2-11　Smurf 攻击

例如，假设网络包含 100 台主机，并且攻击者使用高性能的 T1 链路。攻击者伪造受害者的源地址向目标网络的广播地址（称为反弹站点）发送 768 Kbit/s 的 ICMP 响应请求数据报流。这些 ping 数据报到达包含 100 台主机的广播网络中的广播地址之后，每台主机都将接收该数据报并做出应答，从而产生 100 个出站 ping 应答。结果广播地址所使用的出站带宽总计约为 76.8Mbit/s。随后，这些流量将被发送给受害者（即发起初始数据报的伪造源）。

DoS 攻击和 DDoS 攻击可以通过实施特殊的反欺骗和反 DoS 访问控制列表来加以防范。ISP 也可规定流量速率，以限制不必要的流量通过网络。常见的例子是限制允许进入网络的 ICMP 流量，因为该流量仅用于诊断目的。

2.2　网络安全防护与应对策略

2.2.1　基于主机和服务器安全的防范措施

在对网络威胁与攻击进行分析和识别的基础上，应当认真制定有针对性的网络安全防护与策略：明确安全对象，设置强有力的安全保障体系；有的放矢，在网络中层层设防，发挥网络每层的作用，使每一层都成为一道关卡，从而让攻击者无隙可钻、无计可施；还必须做到未雨绸缪，以预防为主，将重要的数据备份并时刻注意系统运行状况。必须对所有网络系统实现基于主机和服务器的安全措施，可采取的防范措施如下。

2.2 网络安全防护与应对策略1

2.2 网络安全防护与应对策略2

（1）设备加固　当在计算机上安装新的操作系统时，安全设置保留为默认值。在大多数情况下，这种安全级别并不够。以下是适用于大部分操作系统的一些简单步骤。

1）更换默认用户名和密码。

2）限制对系统资源的访问，只有授权用户才可以访问。

3）尽可能关闭及卸载不必要的服务和应用程序。

保护网络主机（如工作站 PC 和服务器）非常重要。当把这些主机添加到网络中时，需要对其进行保护，并在有新的安全补丁时尽可能使用安全补丁更新这些主机。此外还可以使用其他一些方法来保护主机。防病毒软件、防火墙和入侵检测工具都有助于保护网络主机。因为许多业务资源可能存放在单台文件服务器上，所以保证该服务器可访问且可用尤为重要。

（2）防病毒软件　安装防病毒软件可抵御已知病毒（更新防病毒软件如图2-12 所示）。防病毒软件可以检测到大多数病毒和许多特洛伊木马应用程序，并能防止它们在网络中传播。

防病毒软件通过以下两种方式完成工作。

1）扫描文件，将文件的内容与病毒字典中的已知病毒进行比较，匹配的文件将以最终用户定义的方式进行标记。

2）监控在主机上运行的可疑程序，这些可疑程序可能标志着该主机已感染病毒。此类监控包括数据捕获、端口监控等。

（3）个人防火墙　通过拨号连接、DSL 或电缆调制解调器连接到 Internet 的个人计算机，其与企业网络一样，容易遭到攻击。安装在用户 PC 中的防火墙可以防范攻击，如图 2-13 所示。个人防火墙并非全部用于 LAN 环境（如基于设备或服务器的防火墙），如果与其他网络客户端、服务、协议或适配器一同安装，则可能会阻止网络访问。

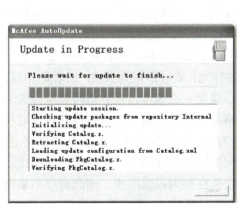

图 2-12　更新防病毒软件

图 2-13　安装个人防火墙

一种管理关键安全补丁的方案是创建中央补丁服务器，所有系统必须在设定的时间段后与该服务器通信。对于主机尚未安装的补丁，可以在没有用户干预的情况下自动从补丁服务器上下载并安装，如图 2-14 所示。除安装来自操作系统厂商的安全更新外，确定哪些设备存在漏洞这一工作可以通过查找漏洞的安全审计工具来加以简化。

图 2-14　安装操作系统补丁

2.2.2　入侵检测和防御

入侵检测系统（Intrusion Detection System，IDS）是一种对网络传输进行即时监视、在发现可疑传输时发出警报或者采取主动反应措施的网络安全设备。它与其他网络安全设备的不同之处在于，IDS 是一种积极主动的安全防护技术。IDS 最早出现在 1980 年 4 月。20 世纪 80 年代中期，IDS 逐渐发展成为入侵检测专家系统（IDES）。1990 年，IDS 分为基于网络的 IDS 和基于主机的 IDS，后又出现分布式 IDS。目前，IDS 发展迅速。

IDS 是计算机的监视系统。它可实时监视系统，一旦发现异常情况就发出警告。以信息来源的不同和检测方法的差异分类，IDS 可分为以下几类。

（1）根据信息来源划分　可分为基于主机的 IDS 和基于网络的 IDS。基于主机的 IDS 将监视单个系统，通常运行在需要保护的主机上。它会读取主机上的日志，并进行异常检测。基于主机的 IDS 虽然可以检测到异常情况，但是这些都是在攻击事件完成后发现的。基于网络的 IDS 将检测网段中的各种数据报。基于主机的 IDS 的另一个缺点是，它们可能需要被部署到网络中的所有主机上，假设有 5000 台主机，那么所有主机都需要许可，这是非常烦琐的。

（2）根据检测方法划分　可分为异常入侵检测和误用入侵检测。前者先要建立一个系统访问正常行为的模型，只要访问者不符合这个模型的行为，就被断定为入侵；后者则相反，先要将所有可能发生的不利的、不可接收的行为归纳，建立一个模型，只要访问者符合这个模型的行为，将被断定为入侵。这两种模式的安全策略是完全不同的，而且它们各有长处和短处。异常入侵检测的漏报率很低，但是不符合正常行为模式的行为并不见得就是恶意攻击，因此这种策略误报率较高；误用入侵检测由于直接匹配及比对异常的不可接收的行为模式，因此误报率较低，但恶意行为千变万化，可能没有被收集在行为模式库中，因此漏报率就很高。这就要求用户必须根据本系统的特点和安全要求来制定策略，选择行为检测模式。现在，很多用户都采取两种模式相结合的策略。

不同于防火墙，IDS 是一种监听设备，不需要挂接在任何链路上，无须网络流量流经它便可以工作，某大学校园网应用 IDS 拓扑图如图 2-15 所示。IDS 检测来自高危网络区域的访问流量和需要进行统计、监视的网络报文。在如今的网络拓扑中，已经很难找到以前的 Hub 式的共享介质冲突域的网络，绝大部分都已经全面升级到交换式的网络。因此，IDS 在交换式网络中的位置一般选择在尽可能靠近攻击源或者受保护资源的位置。这些位置通常是服务器区域的交换机上、Internet 接入路由器之后的第一台交换机上、重点保护网段的局域网交换机上。由于入侵检测系统的市场在近几年飞速发展，因此许多企业转入这一领域中来。

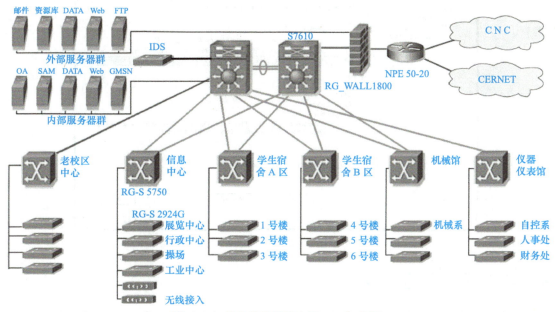

图 2-15 某大学校园网应用 IDS 拓扑图

IDS 可以检测对网络的攻击，并将日志发送到管理控制台。入侵防御系统（Intrusion Prevention System，IPS）可以防御对网络的攻击，并提供除检测以外的主动防御机制，通过分析网络流量检测入侵（包括缓冲区溢出攻击、木马、蠕虫等），并通过一定的响应方式实时地中止入侵行为，保护企业信息系统和网络架构免受侵害。

入侵防御系统（IPS）可以在网络级别或主机级别实施两种技术中的任意一种，或者同时使用两种技术以提供最强保护。

1）HIDS：基于主机的入侵检测通常作为内联技术或被动技术实现，具体取决于厂商。被动技术是第一代技术，称为 HIDS（基于主机的入侵检测系统）。HIDS 会在发生攻击并造成破坏后把日志发送到管理控制台。

2）HIPS：内联技术称为 HIPS（基于主机的入侵防御系统）。它可以阻止攻击，防止造成破坏，并阻止蠕虫和病毒传播，可以将主动检测设置为自动关闭网络连接或停止受影响的服务，随后立即采取补救措施。

HIPS 软件必须安装在每台主机（服务器或台式计算机）上，以便监视在主机上执行的活动和对主机执行的活动。该软件称为代理软件。代理软件执行入侵检测分析和防御。它还可以向中央管理/策略服务器发送日志和警报。

HIPS 的优势在于：它可以监视操作系统进程并保护关键系统资源，如仅存在于特定主机上的文件。这意味着它可以在某些外部进程试图以某种方法（包括使用隐藏的后门程序）修改系统文件时通知网络管理员。图 2-16 所示为典型的 HIPS 部署。代理软件安装在可公开访问的服务器、企业邮件服务器和应用程序服务器上。代理软件向位于企业防火墙内部的中央控制台服务器报告事件。此外，主机上的代理软件还可以将记录通过电子邮件发送给管理员。

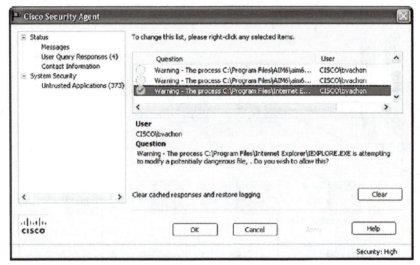

图 2-16 HIPS 部署

2.2.3 网络安全工具

配置好交换机安全性之后，需要确保未给攻击者留下任何可乘之机。网络安全是一个复杂而且不断变化的话题。网络安全工具可帮助测试网络中存在的各种弱点。这些工具可让用户扮演黑客和网络安全分析师的角色。

网络安全工具所使用的功能在不断发展。例如，网络安全工具曾注重于在网络上进行侦听的服务，并检查这些服务的缺陷。而现在，由于邮件客户端和 Web 浏览器中存在的缺陷，病毒和蠕虫得以传播。当前的网络安全工具不仅检测网络上主机的远程缺陷，而且能确定是否存在应用程序级的缺陷，如客户端计算机上缺少补丁。网络安全性不再局限于网络设备，而是一直延伸到了用户桌面。安全审计和渗透测试是网络安全工具所执行的两种基本功能。

1. 网络安全审计

网络安全工具可用于执行网络的安全审计。安全审计可揭示攻击者通过监视网络流量可收集到哪类信息。利用网络安全审计工具可以用伪造的 MAC 地址来泛洪攻击 MAC 表，然后就可以在交换机开始从所有端口泛洪流量时审核交换机端口，因为合法 MAC 地址映射将老化，并被更多伪造的 MAC 地址映射所替代。这样就能确定哪些端口存在危险，并且未正确配置为阻止此类攻击。

计时是成功执行审计的重要因素。不同的交换机在其 MAC 表中支持不同数量的 MAC 地址。确定要在网络上去除的虚假 MAC 地址的理想数量可能需要技巧。此外，还必须对付 MAC 表的老化周期。如果在执行网络审计时，虚假 MAC 地址开始老化，则有效 MAC 地址将开始填充 MAC 表，这将限制网络审计工具可监视的数据。

2. 网络渗透测试

网络安全工具还可用于对网络执行渗透测试，找出网络设备配置中存在的弱点。网络安全工具可以执行多种攻击，而且大多数工具套件都附带大量文档，其中详细说明了执行相应的攻击所需要的语法。由于这些类型的测试可能对网络有负面影响，因此需要在严格受控的条件下遵循综合网络安全策略中详细说明的规程来执行。当然，如果网络仅仅是基于小教室的，则可以在教师的指导下尝试自己的网络渗透测试。

安全的网络其实是一个过程，而不是结果。不可仅仅因为对交换机启用了安全配置就宣称安全工作大功告成。要实现安全的网络，就需要有一套全面的网络安全计划，计划中需定义如何定期检验网络是否可以抵御最新的恶意网络攻击。安全风险不断变化的局面意味着，所需要的审计和渗透工具应能不断更新以找出最新的安全风险。当前网络安全工具的常见功能如下。

1）服务识别：借助工具使用 Internet 编号指派机构（IANA）端口号来分析主机。这些工具应能发现在非标准端口上运行的 FTP 服务器或在 8080 端口上运行的 Web 服务器，而且它们还应能测试在主机上运行的所有服务。

2）SSL 服务支持：测试使用 SSL 级安全性的服务，包括 HTTPS、SMTPS、IMAPS 和安全证书。

3）可进行非破坏性测试和破坏性测试：例行执行对网络性能没有影响或只有适度影响的非破坏性安全审计，还应允许执行可严重降低网络性能的破坏性审计。破坏性审计可用来查看网络抵御入侵者攻击的强度。

4）维护漏洞数据库：漏洞在不停变化。网络安全工具需要设计为可插入代码模块中，然后运行针对特定漏洞的测试。这样就能维护一个大型的漏洞数据库，并将库中的漏洞数据上传到工具，以确保测试最新的漏洞。

2.2.4 企业安全策略

安全策略是一组指导原则，其目的是保护网络免受来自企业内部和外部的攻击。制定策略之前，先思考以下问题：网络如何帮助组织实现其远景目标、任务，以及战略规划；业务需求会对网络安全产生什么影响；如何将这些需求转换为购买专用设备和加载到这些设备上的配置。

安全策略对组织而言有以下作用。
- 提供审计现有网络安全以及将需求与现状进行对比的方法。
- 规划安全改进，包括设备、软件和程序。
- 定义公司管理层、管理员，以及用户的角色和责任。
- 定义允许哪些行为和不允许哪些行为。

- 定义处理网络安全事件的流程。
- 作为站点间的标准，支持全局性的安全实施和执行。
- 有必要时可为诉讼提供证据。

安全策略文档是动态文件，这表示该文档永远不会结束，并且会随着技术和员工需求的变化而不断更新。它充当着管理目标和特定安全需求之间的桥梁。全面的安全策略应具备以下基本功能。

- 保护人员和信息。
- 设置用户、系统管理员、管理人员和安全人员的预期行为准则。
- 授权安全人员进行监控、探测和调查。
- 定义违规行为及其处置方式。

安全策略适用于每个人，包括员工、承包商、供应商和访问网络的客户。但是，安全策略应区别对待每一类群体。应该为每个群体展示与其工作和网络访问级别相对应的策略部分。

当最终用户了解制定安全规定的理由后，他们会更愿意遵守这些策略。因此，单个文档可能无法满足大型组织中所有人员的需要。

以下是组织采用的一些常规安全策略。

- 权限和范围声明：定义谁是企业安全策略的发起者，谁负责实施这些策略，以及策略的覆盖范围。
- 合理使用规定（AUP）：定义设备和计算服务的合理用途，以及用于保护企业公共资源和专有信息的正确员工行为。
- 标识和身份验证策略：定义企业使用哪些技术来确保仅授权人员可以访问企业数据。
- Internet 访问策略：定义员工和访客应如何使用企业的 Internet 连接，哪些行为允许，哪些不允许。
- 园区访问策略：定义员工和访客合理使用园区技术资源的行为。
- 远程访问策略：定义远程用户如何使用企业的远程访问基础架构。
- 事件处理程序：指定谁将响应安全事件，以及事件的处理方式。

除了这些关键性的安全策略外，某些组织可能还需要其他一些策略，列举如下。

- 账户访问请求策略：定义标准化组织内的账户和访问请求流程。用户和系统管理员如果不遵守标准账户和访问请求流程，则可能会导致组织被诉讼。
- 采购评估策略：定义有关企业采购的责任，并定义在采购评估方面信息安全小组必须达到的最低要求。
- 审计策略：定义审计策略以确保信息和资源的完整性。这包括依照相关流程调查事件，以及根据需要监控用户和系统活动。
- 信息敏感性策略：定义如何根据信息的敏感度来分类和保护信息。
- 密码策略：定义创建、保护和更改强密码的标准。
- 风险评估策略：为信息安全小组定义要求并提供权限，以便其确定、评估和纠正与业务相关的信息基础架构的风险。
- 全局 Web 服务器策略：定义适用于所有 Web 主机的标准。

随着电子邮件的广泛使用，组织可能还希望制定与电子邮件相关的专用策略，列举如下。

- 自动转发电子邮件策略：规定在未经相应经理或主管批准的情况下，禁止将电子邮件自动转发到外部目的地。
- 电子邮件策略：定义内容标准，以防止损害企业的公众形象。
- 垃圾邮件策略：定义如何报告和处理垃圾邮件。

远程访问策略可能还包括以下内容。
- 拨号访问策略：定义授权人员应如何进行适当的拨号访问及使用。
- 远程访问策略：定义从位于企业外部的主机或网络连接到企业网络的标准。
- VPN 安全策略：规定在通过 VPN 连接到组织网络时有哪些要求。

2.3　端口扫描

2.3.1　端口扫描技术的原理

2.3　端口扫描

网络安全问题很多时候是由于开启了一些不必要的、存在安全漏洞的网络服务而引起的。利用计算机进行网络攻击的第一步就是对端口进行扫描，发现系统打开了哪些端口、开启了哪些服务，然后使用相应的漏洞进行攻击。作为网络管理人员，要保障系统的安全，必须深入了解扫描，这样才能了解整个网络的漏洞所在，并制定相应的保护措施。

一个端口就是一个潜在的通信信道，也就是一个潜在的入侵通道。对目标主机进行端口扫描，能得到许多有用的信息，从而发现系统的安全漏洞。它能使系统用户了解系统向外界提供哪些服务，从而为系统用户管理网络提供手段。

端口扫描通常指对目标主机的所有需要扫描的端口发送探测数据报，即扫描。然后根据返回端口的状态来分析目标主机端口是否打开，是否可用。端口扫描通过与目标主机的端口建立连接并请求某些服务，记录目标主机的应答，收集目标主机相关信息，从而发现目标主机某些内在的安全弱点，并且确定该端口的什么服务正在进行，从而获取该服务的信息。

端口扫描时向目标主机的 TCP/IP 服务端口发送探测数据报，并记录目标主机的响应。通过分析响应来判断服务端口是打开的还是关闭的，就可以得知端口提供的服务或信息。端口扫描也可以通过捕获本地主机或服务器的流入/流出 IP 数据报来监视本地主机的运行情况，它仅对接收到的数据进行分析，帮助人们发现目标主机的某些内在弱点，而不会提供进入一个系统的详细步骤。

2.3.2　TCP connect 扫描

TCP connect 扫描是 TCP 端口扫描的基础，也称全连接扫描，是最基本的 TCP 扫描方式。connect() 是一种系统调用，用来打开一个连接。如果目标端口有程序监听，connect() 就会成功返回，否则这个端口是不可到达的。TCP connect 扫描实现起来非常容易，只需要在软件编程中调用 Socket API 的 connect() 函数去连接目标主机的指定端口，完成一次完整的 TCP 三次握手连接建立过程，如果端口开放，则连接成功；否则连接失败，表示端口关闭。可以发出一个 TCP 连接请求数据报（SYN），然后等待回应。如果对方返回应答数据报（ACK+SYN），就表示目标端口正在监听；如果返回复位数据报（ACK+RST），就表示目标端口没有监听程序。

如果收到一个应答数据报（ACK+SYN），则先完成 TCP 三次握手过程，而后发出一个复位数据报（ACK+RST）来断开和目标主机的连接。这种扫描方法实现起来比较简单，对操作者的权限没有严格要求，并且扫描速度快。其缺点是会在目标主机的日志记录中留下痕迹，易被发现，且数据报会被过滤掉。

例如，主机 B 启动 Sinffer 协议分析器，主机 A 对主机 B 进行 TCP connect () 端口扫描。

主机 A 运行 nmap 对主机 B 进行端口扫描。主机 A 在控制台中输入命令的格式如下：

namp-sT-T 5 主机 B 的 IP

其中，"-sT" 表示进行 TCP connect() 扫描，"-T" 用于设置扫描时间模板，其值为 0～5（5 表示扫描速度最快），"主机 B 的 IP" 可以为主机 B 的 IP 地址，此处可以为目标主机的 NetBIOS 名称。

例如，对主机 192.168.1.116 进行 TCP connect 扫描，就可以执行下面的命令：

namp-sT-T 5　192.168.1.116

命令执行后，查看扫描结果，如图 2-17 所示。

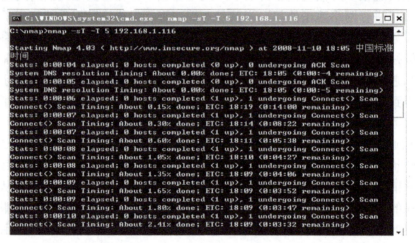

图 2-17　TCP connect 扫描结果

2.3.3　TCP SYN 扫描

TCP SYN 扫描也称"半开放"扫描，这是因为扫描程序不必要打开一个完全的 TCP 连接。TCP SYN 扫描实现的过程如下：扫描器向远程主机的端口发送一个请求连接的 SYN 数据报文，如果没有得到目标主机的 SYN/ACK 确认报文，而是 RST 数据报文，则说明远程主机的这个端口没有打开。而如果收到远程主机的 SYN/ACK 应答，则表明远程主机的端口是开放的。

扫描器在收到远程主机的 SYN/ACK 后，不会再复制自己的 ACK 应答，因此，三次握手没有完成，正常的 TCP 连接无法建立，因此这个扫描信息不会被系统记录。TCP SYN 扫描的优点在于，其扫描过程更加隐蔽，在被扫描方不会留下日志记录。

例如，主机 B 清空 Sniffer 缓冲区，主机 A 对主机 B 进行 TCP 端口扫描。

主机 A 运行 nmap 对目标主机进行端口扫描，在控制台输入命令的格式如下：

nmap –v –sS –T 5 主机 B 的 IP 地址

其中，-sS 表示进行 TCP SYN 扫描。

例如，对主机 192.168.1.116 进行 TCP SYN 扫描，就可以执行下面的命令：

namp –v –sS –T 5 192.168.1.116

命令执行后，查看扫描结果，如图 2-18 所示。

```
C:\nmap>nmap -v -sS -T 5 192.168.1.116

Starting Nmap 4.03 ( http://www.insecure.org/nmap ) at 2008-11-10 18:10 中国标准
时间
Stats: 0:00:01 elapsed; 0 hosts completed (0 up), 0 undergoing ACK Scan
System DNS resolution Timing: About 0.00% done; ETC: 18:10 (0:00:-1 remaining)
Stats: 0:00:03 elapsed; 0 hosts completed (0 up), 0 undergoing ACK Scan
System DNS resolution Timing: About 0.00% done; ETC: 18:10 (0:00:-3 remaining)
Stats: 0:00:03 elapsed; 0 hosts completed (0 up), 0 undergoing ACK Scan
System DNS resolution Timing: About 0.00% done; ETC: 18:10 (0:00:-3 remaining)
Stats: 0:00:04 elapsed; 0 hosts completed (0 up), 0 undergoing ACK Scan
System DNS resolution Timing: About 0.00% done; ETC: 18:10 (0:00:-4 remaining)
Stats: 0:00:04 elapsed; 0 hosts completed (0 up), 0 undergoing ACK Scan
System DNS resolution Timing: About 0.00% done; ETC: 18:10 (0:00:-4 remaining)
Stats: 0:00:05 elapsed; 0 hosts completed (0 up), 0 undergoing ACK Scan
System DNS resolution Timing: About 0.00% done; ETC: 18:10 (0:00:-5 remaining)
Stats: 0:00:05 elapsed; 0 hosts completed (0 up), 0 undergoing ACK Scan
System DNS resolution Timing: About 0.00% done; ETC: 18:10 (0:00:-5 remaining)
DNS resolution of 1 IPs took 5.52s. Mode: Async [#: 3, OK: 0, NX: 1, DR: 0, SF:
0, TR: 3, CN: 0]
Skipping SYN Stealth Scan against 192.168.1.116 because Windows does not support
 scanning your own machine (localhost) this way.
Host 192.168.1.116 appears to be up ... good.
All 0 scanned ports on 192.168.1.116 are: unknown
```

图 2-18　TCP SYN 扫描结果

2.3.4　UDP 扫描

UDP（User Datagram Protocol，用户数据报文协议）是一个不可靠的无链接协议，它不像 TCP 那样是面向面连接的。在 TCP 的端口扫描中，最简单的方法就是利用 connect() 调用，如果目标主机的端口处于监听状态，则 connect() 可以成功，即可以认为这个 TCP 端口是开放的，否则认为是关闭的。但是在 UDP 端口扫描中却无法这样做，因为它是无链接的协议，当向目标主机的 UDP 端口发送数据后，并不能收到开放端口的确认信息或是关闭端口的错误信息。然而在大多数情况下，当向一个未开放的 UDP 端口发送数据时，其主机就会返回一个 ICMP 不可到达（ICMP_PORT_UNREACHABLE）的错误，因此大多数 UDP 端口扫描的方法就是向各个被扫描的 UDP 端口发送零字节的 UDP 数据报。如果收到一个 ICMP 不可到达的回应，那么则认为这个端口是关闭的，对于没有回应的端口则认为是开放的。但是如果目标主机安装了防火墙或其他可以过滤数据报的软硬件，那么发出 UDP 数据报后，将可能得不到任何回应，人们将会见到所有的被扫描端口都是开放的。

例如，主机 A 运行 namp 对主机 B 进行端口扫描，主机 A 在控制台输入命令的格式如下：

namp –v –sU –T 5 主机 B 的 IP

其中，-sU 表示进行 UDP 端口扫描。

例如，对主机 192.168.1.116 进行 UDP 端口扫描，就可以执行下面的命令：

namp –v –sU –T 5 192.168.1.116

命令执行后，查看扫描结果，如图 2-19 所示。

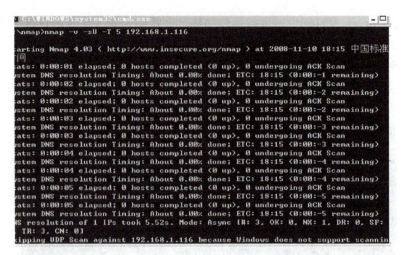

图 2-19 UDP 端口扫描结果

2.3.5 SuperScan 扫描工具

1．SuperScan 的功能

SuperScan 是比较常用的端口扫描工具，其主要功能如下。

1）通过 ping 来检验 IP 是否在线。
2）IP 和域名互相转换。
3）检验目标计算机提供的服务类别。
4）检验一定范围内的目标计算机是否在线和端口情况。
5）通过自定义列表检验目标计算机是否在线和端口情况。
6）自定义检验的端口，并可以保存为端口列表文件。
7）自带一个木马端口列表 trojans.lst，通过这个列表可以检测目标。

2．SuperScan 工具的设置与使用

（1）SuperScan 安装和运行 安装 SuperScan 并进行主机和端口扫描，判断主机的存活性及其所开放的端口与服务，为进一步攻击做准备。SuperScan 没有安装程序，直接解压缩就可以使用，主界面如图 2-20 所示。

（2）域名（主机名）和 IP 转换 这个功能的作用就是取得域名（如 sina.com 的 IP）。在 SuperScan 中，有两种方法可实现此功能。

1）通过 Hostname Lookup 实现：如图 2-21 所示，在 Hostname Lookup 选项组中的输入框中输入需要转换的域名或 IP，单击 Lookup 按钮就可以得到结果。如果需要取得自己计算机的 IP，可以单击 Me 按钮。同时，可以通过单击 Interfaces 按钮获得本地 IP 设置情况，如图 2-22 所示。

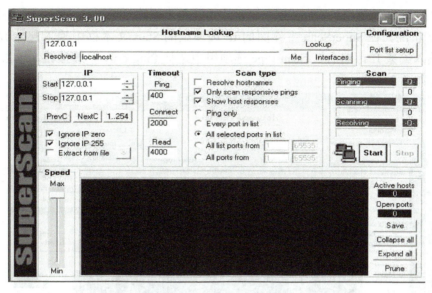

图 2-20　SuperScan 主界面

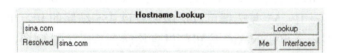

图 2-21　Hostname Lookup 选项组

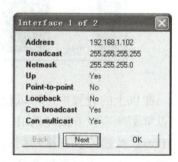

图 2-22　获取本地 IP 设置情况

2）通过 Extract from file 实现：在 SuperScan 主界面选择 Extract from file 复选框，单击→按钮，弹出图 2-23 所示的界面，即可通过一个域名列表来将域名转换为相应的 IP 地址。

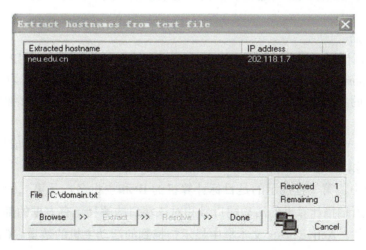

图 2-23　通过 Extract from file 获得域名

(3) ping 功能的使用　　ping 命令主要的功能在于检测目标主机是否在线和通过反应时间判断网络状况。在 SuperScan 主界面的 IP 选项组的 Start 文本框中输入起始 IP，在 Stop 文本框中输入结束 IP，然后在 Scan type 选项组中选择 Ping only 单选按钮，单击 Start 按钮开始检测，如图 2-24 所示。

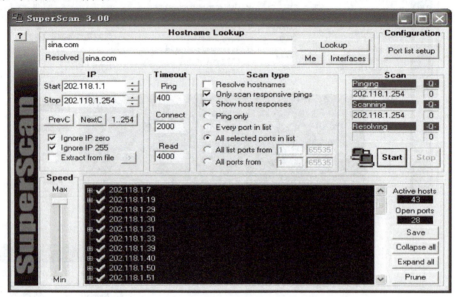

图 2-24　ping 功能的使用

在以上的设置中，可以使用以下按钮达到快捷设置的目的。选择 Ignore IP zero 复选框可以屏蔽所有以 0 结尾的 IP，选择 Ignore IP 255 复选框可以屏蔽所有以 255 结尾的 IP，单击 PrevC 按钮可以直接转到前一个 C 网段，单击 NextC 按钮可以直接转到后一个 C 网段，单击 1..254 按钮可直接选择整个网段。同样，可以单击 Extract from file 复选框后的→按钮通过域名列表取得 IP 列表。

在 ping 时，可以依据网络情况在 Timeout 选项组中设置相应的反应时间。一般采用默认设置，另外由于 SuperScan 的速度非常快，结果也很准确，因此一般没有必要去修改反应时间。

(4) 端口扫描

1) 扫描目标计算机的所有端口。在 IP 选项组中输入起始 IP 和结束 IP；在 Scan type 选项组中选择 All ports from 单选按钮，然后设置后面两个数值框中的数据为 1、65535；如果需要返回计算机的主机名，可以选 Resolve hostnames 复选框，单击 Start 按钮开始检测，如图 2-25 所示。

图 2-25 是对一台目标计算机的所有端口进行扫描的结果，扫描完成后，单击 Expand all 按钮展开，可以看到扫描结果。

在扫描结果中，第一行显示的是目标计算机的 IP 和主机名，从第二行开始的小圆点所在的行显示的是所扫描计算机的活动端口号和对该端口的解释，有方框的部分显示的是提供该服务的系统软件。Active hosts 文本框中显示扫描到的活动主机的数量。Open ports 文本框中显示目标计算机打开的端口数。

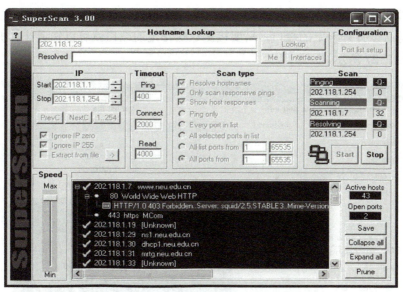

图 2-25 扫描目标计算机的所有端口

2）扫描目标计算机的特定端口（自定义端口）。很多情况下，检测所有的端口往往是不必要的，只要检测有限的几个端口即可，因为只是为了得到目标计算机提供的服务和使用的软件。所以，可以根据扫描目的的不同来检测不同的端口，很多情况下，只检测 80（Web 服务）、21（FTP 服务）、23（Telnet 服务）等常用端口即可。

在主界面中单击 Port list setup 按钮，弹出端口设置页面，如图 2-26 所示。在 Select ports 选项组中双击需要扫描的端口，端口前就会有一个"√"标志。选择时，注意左边的 Change/add/delete port info 和 Helper apps in right-click menu 选项组，其中显示的是关于此端口的详细说明和所使用的程序。这里选择 21、23、80 三个端口，然后单击 Save 按钮保存选择的端口为端口列表。单击 OK 按钮回到主界面。在 Scan type 选项组中选择 All selected ports in list 单选按钮，单击 Start 按钮开始检测。

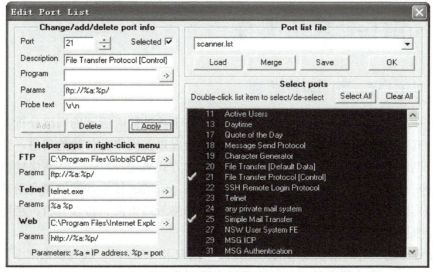

图 2-26 端口设置页面

（5）计算机是否被种植木马　SuperScan 可以对目标计算机是否存在木马进行检测，因为所有的木马必须打开一定的端口，只要检测这些特定的端口就可以知道计算机是否被种植了木马，如图 2-27 所示。

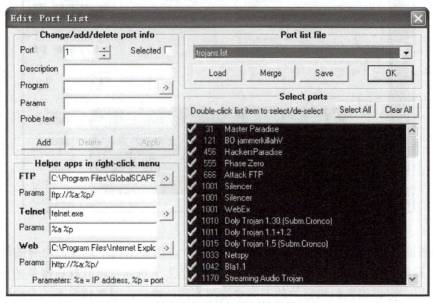

图 2-27　检查目标计算机是否被种植了木马

在主界面中单击 Port list setup 按钮，出现端口设置界面，在 Port list files 下拉列表框中选择 trojans.lst 端口列表文件。该文件是软件自带的，提供了常见的木马端口，可以使用这个端口列表来检测目标计算机是否被种植了木马。需要注意的是，木马的种类现在很多，并且没多久就会出现新的木马程序，因此，有必要经常注意最新出现的木马和它们使用的端口，并随时更新这个木马端口列表。

2.4　Sniffer 攻击嗅探

2.4.1　Sniffer 的工作原理

Sniffer 中文可以翻译为"嗅探器"，是一种基于被动监听原理的网络分析方式。使用这种技术方式，可以监视网络的状态、数据流动情况以及网络上传输的信息。当信息以明文的形式在网络上传输时，便可以使用网络监听的方式来进行攻击。将网络接口设置在监听模式，便可以将网上传输的源源不断的信息截获。Sniffer 技术常常被黑客用来截获用户的口令。但实际上，Sniffer 技术被广泛地应用于网络故障诊断、协议分析、应用性能分析和网络安全保障等各个领域。

Sniffer 程序是一种利用以太网的特性把网络适配卡（NIC，一般为以太网卡）设置为混杂（Promiscuous）模式状态的工具。一旦网卡设置为这种模式，它就能接收传输在网络上的每一个数据报。

一般情况下，网卡只接收和自己的地址有关的数据报，即传输到本地主机的数据报。要使 Sniffer 能接收并处理这种方式的信息，Windows 系统需要支持 BPF，Linux 下需要支持 SOCKET PACKET。但一般情况下，网络硬件和 TCP/IP 堆栈不支持接收或者发送与本地计算机无关的数据报，所以，为了绕过标准的 TCP/IP 堆栈，网卡就必须设置为混杂模式。一般情况下，要激活这种方式，内核必须支持伪设备 Bpfilter，而且需要 root 权限来运行这种程序，所以 Sniffer 需要以 root 身份安装，如果只是以本地用户的身份进入了系统，那么不可能嗅探到 root 密码，因为不能运行 Sniffer。

也有基于无线网络、广域网络（DDN、FR）甚至光网络（POS、Fiber Channel）的监听技术，这些技术略微不同于以太网络上的捕获概念，通常会引入 TAP（测试介入点）这类的硬件设备来进行数据采集。

在以太网中，通常同一个网段的所有网络接口都可以访问在物理媒体上传输的所有数据，且每一个网络接口都有一个唯一的硬件地址。这个硬件地址也就是网卡的 MAC 地址。大多数系统使用 48 位的地址，这个地址用来表示网络中的每一个设备。一般来说，每一块网卡上的 MAC 地址都是不同的，每个网卡厂家都会得到一段地址，然后分配给其生产的每个网卡一个地址。在 MAC 地址中，"嗅探"是一种网络中常用的进行数据收集的方法，执行这一操作的软件就称为嗅探器。可以将嗅探器理解为一个安装在计算机上的窃听设备，它可以在网络中截获任何数据，因此在网络故障检查中得到广泛应用。在正常的情况下，一个网络接口应该只响应以下两种数据帧。

1）与自己硬件地址相匹配的数据帧。
2）发往所有机器的广播数据帧。

在一个实际的系统中，数据的收发是由网卡来完成的。网卡接收到传输来的数据后，其中的单片程序接收数据帧的目的 MAC 地址，根据计算机上的网卡驱动程序设置的接收模式判断该不该接收，认为该接收就在接收后产生中断信号通知 CPU，认为不该接收就丢掉，所以不该接收的数据网卡就截断了，计算机根本就不知道。CPU 得到中断信号后产生中断，操作系统就根据网卡的驱动程序设置的网卡中断程序地址调用驱动程序接收数据，驱动程序接收数据后放入信号堆栈让操作系统处理。对于网卡来说，一般有以下四种接收方式。

1）广播方式：该方式下的网卡能够接收网络中的广播信息。
2）多播方式：该方式下的网卡能够接收多播数据。
3）直接方式：在这种方式下，只有目的网卡才能接收数据。
4）混杂方式：这种方式下的网卡能够接收一切通过它的数据，而不管该数据是否是传给它的。

Sniffer 的工作基本原理：让网卡接收一切所能接收的数据。

嗅探攻击属于网络第二层攻击。由于在普通的网络中，账号和密码是以明文方式在网络中传输的，一旦入侵者获得一台主机的 root 权限，并将其置于混杂模式，就可窃听网络上传输的数据，在得到网络中其他计算机的账号和密码后就可以控制整个网络。

2.4.2 Sniffer 的分类

Sniffer 分为软件的 Sniffer 和硬件的 Sniffer 两种，软件的 Sniffer 有 Sniffer Pro、Network Monitor、PacketBone 等。软件 Sniffer 的优点是易于安装部署，易于学习使用，同时也易于交流；缺点是无法抓取网络上所有的传输，某些情况下也就无法真正了解网络的故障和运行情况。硬件的 Sniffer 通常称为协议分析仪，一般都是商业性的，价格也比较昂贵，但具备支持各类扩展的链路捕获功能以及高性能的数据实时捕获分析功能。

基于以太网络嗅探的 Sniffer 只能抓取一个物理网段内的数据报，就是说，和监听的目标中间不能有路由或其他屏蔽广播数据报的设备，这一点很重要。所以，对一般拨号上网的用户来说，是不可能利用 Sniffer 来窃听到其他人的通信内容的。

当一个黑客成功地攻陷了一台主机，并拿到了 root 权限，而且还想利用这台主机去攻击同一（物理）网段上的其他主机时，就会在这台主机上安装 Sniffer 软件，对以太网设备上传送的数据报进行侦听，从而发现感兴趣的数据报。如果发现符合条件的数据报，就把它存到一个日志文件中去。通常，设置的这些条件是包含"username"或"password"的数据报，这样的数据报里面通常有黑客感兴趣的密码之类的内容。一旦黑客截获了某台主机的密码，就会立刻进入这台主机。

如果 Sniffer 运行在路由器上或有路由功能的主机上，就能对大量的数据进行监控，因为所有进出网络的数据报都要经过路由器。Sniffer 属于第 M 层次的攻击。就是说，只有在攻击者已经进入了目标系统的情况下，才能使用 Sniffer 这种攻击手段，以便得到更多的信息。Sniffer 除了能得到密码或用户名外，还能得到更多的其他信息，如网上传送的金融信息等。Sniffer 几乎能得到任何在以太网上传送的数据报。

2.4.3 Sniffer Pro

Sniffer Pro 是 Network Associates 公司开发的一个可视化网络分析软件，它主要通过网络嗅探行为，被动监听、捕捉、解析网络上的数据报并做出各种相应的参考数据分析。由于其强大的网络分析功能和全面的协议支持性，被广泛应用在网络状态监控及故障诊断等方面。其主要的功能如下：

1）通过网络协议分析捕获网络数据报。
2）可识别 250 种以上的网络协议，可以基于协议、MAC/IP 地址、模式匹配等设置过滤。
3）实时监控网络活动，使用专家系统帮助分析网络应用故障。
4）进行网络使用统计、错误统计、协议统计、工作站和服务器统计。
5）可以设置多种触发模式，如基于错误报文、外部事件的触发模式。
6）具有可选的流量发生器，可模拟网络运行，衡量响应时间，进行路由跳数计数及排错。

1. 网卡监视设置

在进行数据捕获之前，必须先确定捕获的位置。如果一台计算机上安装了多个网卡，就要先确定从哪个网卡接收数据。设置位置：单击 File → Select Settings 命令，打开图 2-28 所示的 Settings 对话框。默认情况下，在名为 Local 的本地代理目录中列出了所有网卡的列表。

2．数据报捕获

（1）数据报捕获前的软件设置

在默认情况下，Sniffer 捕获碰撞或域中所有的数据报，但是在有些情况下，只需要捕获特定的数据报即可，因此可通过定义规则过滤的方法来完成特定数据报的捕获任务。

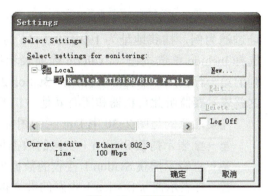

图 2-28　设置网卡

1）在 Sinffer Pro 主界面（如图 2-29 所示）选择 Capture → Define Filter 命令，然后在打开的对话框中选择 Address 选项卡，如图 2-30 所示。

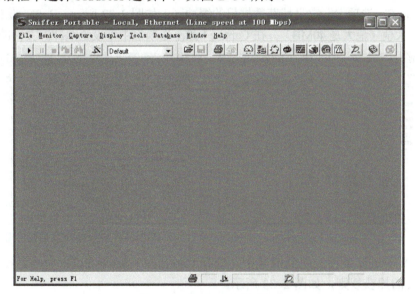

图 2-29　Sniffer Pro 主界面

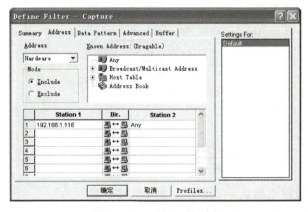

图 2-30　Address 选项卡

2) Address 选项卡中的设置包括 MAC 地址、IP 地址和 IPX 地址的定义。下面以 IP 地址过滤为例，捕获地址为 192.168.0.116 的主机和其他主机的通信信息。在 Mode 选项组中选择 Include 单选按钮（Exclude 选项表示捕获除此地址之外的所有数据报），在 Station 1 列的第一行输入 192.168.1.116，在 Station 2 的第一行中输入 Any（Any 表示所有 IP 地址），这就表示要监听此台机器和所有其他主机的通信，如图 2-30 所示。

需要注意的是图 2-30 中 Dir. 栏的图标。

🖳→🖳 表示捕获 Station 1 发送的数据报。

🖳←🖳 表示捕获 Station 1 接收的数据报。

🖳↔🖳 表示捕获 Station 1 收发的数据报。

3) 选择 Advanced 选项卡，定义需要捕获的相关协议的数据报，如图 2-31 所示。

例如需要捕获 FTP、DNS、HTTP 的数据报，首先打开 TCP 选项，再进一步选择协议即可。如果不选择协议，则表示捕获所有协议的数据报。在 Packet Size 下拉列表框中可以设置捕获的包的大小。

4) 选择 Buffer 选项卡，定义捕获数据报的缓冲区，如图 2-32 所示。Buffer size 选项用于设置缓冲区的最大值（最大是 40MB）。在 Capture buffer 选项组中可设置缓冲区文件的存放位置。

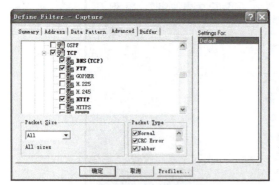

图 2-31　Advanced 选项卡

图 2-32　设置捕获数据报的缓冲区

5) 将定义的过滤条件应用到捕获中，选择 Capture → Select Filter 命令，在打开的对话框中选取定义的捕获规则，如图 2-33 所示。

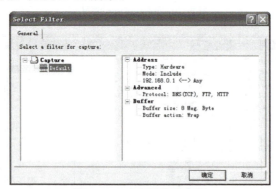

图 2-33　选取捕获的规则

（2）查看捕获的数据报信息

选择 Capture → Start 命令，启动捕获引擎。

Sniffer 可以实时监控主机、协议、应用程序等的分布情况。Monitor 菜单如图 2-34 所示。

图 2-34　Monitor 菜单

- Dashboard：可以实时统计每秒钟接收的出错数据报、丢弃数据报、广播数据报、多播数据报的数量，以及带宽的利用率等。
- Host Table：可以查看通信量最大的前 10 台主机。
- Matrix：通过连线，可以形象地看到不同主机之间的通信。
- Application Response Time：可以了解不同主机通信的最小、最大、平均响应时间方面的信息。
- History Samples：查看历史数据抽样出来的统计值。
- Protocol Distribution：实时观察数据流中不同协议的分布情况。
- Switch：可以获取 Cisco 交换机的状态信息。

3．数据报捕获后的分析

要停止数据报的捕获，可选择 Capture → Stop 命令或者 Capture → Stop and Display 命令，前者停止捕获数据报，后者停止捕获数据报并把捕获的数据报进行解码和显示，捕获结果如图 2-35 所示。

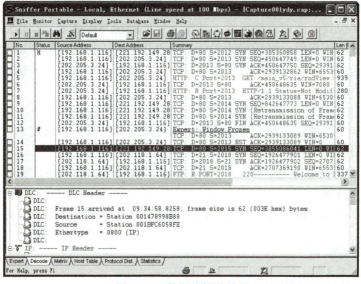

图 2-35　数据报捕获结果

- Decode：对每个数据报进行解码，可以看到整个数据报的结构及从链路层到应用层的信息。
- Expert：这是 Sniffer 提供的专家模式，系统根据自身捕获的数据从链路层到应用层进行分类并做出分析，其中，diagnoses 提出了非常有价值的诊断信息。

Sniffer 提供解码后的数据报过滤显示。要对数据报过滤显示，需要切换到 Decode 模式。

选择 Display → Define Filter 命令，可定义过滤规则。

选择 Display → Select Filter 命令，可应用过滤规则。

2.5 木马攻击与防范

2.5.1 木马的工作原理

2.5 木马攻击与防范

木马是特洛伊木马的简称，是远程计算机能通过网络控制本地计算机的程序。它冒名顶替，以人们所知合法而正常的程序出现，达到骗取合法用户身份、在计算机上运行的目的，并产生用户料不到的后果。

从本质上讲，木马程序属于远程管理工具的范畴，其目的在于对网络进行远程控制和管理。木马和远程控制软件的区别在于木马具有隐蔽性。远程控制软件的服务器端在目标计算机上运行时，目标计算机会有很醒目的标志，而木马类软件的服务器端在运行时则使用多种手段来隐藏自己。

一般情况下，木马程序由服务器端（Server）程序和客户端（Client）程序组成。其中，服务器端程序安装在被控制对象的计算机上，客户端程序是控制者所使用的，服务器端程序和客户端程序建立起连接就可以实现对远程计算机的控制了。在通过 Internet 将服务器端程序和客户端程序连接后，若用户的计算机运行了服务器端程序，则控制者就可以使用客户端程序来控制用户的计算机，实现对远程计算机的控制。木马具有隐蔽性和非授权性的特点。所谓隐蔽性，是指木马为了防止被发现，会采用多种手段隐藏，用户即使发现感染了木马，也很难确定其具体位置。所谓非授权性，是指一旦控制端与服务器端连接后，控制端就享有服务器端的大部分操作权限，包括修改文件、修改注册表、控制鼠标和键盘等。而这些权限不是服务器端授予的，而是通过木马程序窃取的。木马程序本身很小，执行后将自动加入系统启动区启动，具有自我加载的特点。

木马的主要危害是对系统安全性的危害。首先，木马可偷窃口令，包括信箱口令、主页口令甚至信用卡口令等。其次，可以通过木马传播病毒。最后，通过木马能使远程用户获得本地计算机的最高操作权限。

木马包括远程访问型木马、密码发送型木马、键盘记录型木马、毁坏型木马、DoS 攻击木马、FTP 型木马等。

木马的伪装方式包括修改图标、出错显示、定制端口、自我销毁、木马更名、捆绑文件等。

2.5.2 伪装木马

这里利用 WinRAR 自解压功能伪装木马。

1)将冰河木马服务器端程序 G_Server.exe 和图片 demo.jpg 放在目录 demo 中,选中这两个文件,右击,选择"添加到 demo.rar"命令。

2)打开 demo.rar 文件,出现图 2-36 所示的窗口。

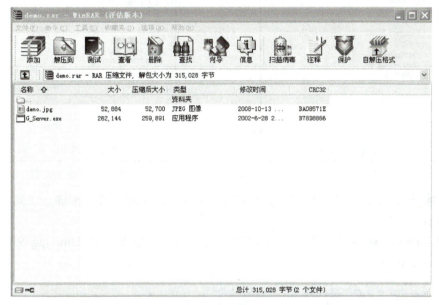

图 2-36　将木马服务器端程序和图片文件压缩后的窗口

3)单击"解压到"按钮,出现图 2-37 所示界面。

4)单击"高级自解压选项"按钮,出现图 2-38 所示的对话框。

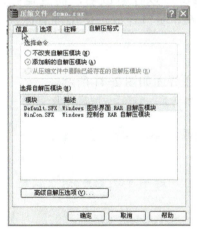 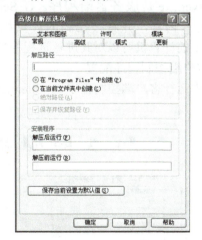

图 2-37　自解压设置　　　　　图 2-38　"高级自解压选项"对话框

5)在"常规"选项卡的"解压路径"文本框中输入解压后的路径,在"解压后运行"文本框中输入木马的服务器端程序 G_Server.exe,在"解压前运行"文本框中输入图片文件 demo.jpg。

6)打开"模式"选项卡,选择"全部隐藏"单选按钮,如图 2-39 所示。打开"更新"选项卡,选择"覆盖所有文件"单选按钮,如图 2-40 所示。

图 2-39　隐藏设置

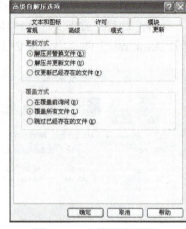
图 2-40　文件覆盖设置

7）连续单击"确定"按钮，关闭 WinRAR 窗口。这样就完成了捆绑，在同一目录下生成了 demo.exe 文件。

8）运行 demo.exe 文件，系统调用默认关联的图片管理器打开 demo.jpg 文件，并悄悄运行 G_Server.exe 文件。

2.5.3　冰河软件的设置与使用

冰河是由我国的黄鑫编写的国产远程管理软件，主要由 G_Client.exe 和 G_Server.exe 两个文件组成。G_Client.exe 是监控程序，用于监控远程计算机和配置服务器，对应的 G_Server.exe 是服务器端程序。G_Server.exe 可以任意改名，而且运行时无任何提示，直接进入内存，并将被控制的计算机的 7626 端口开放，使得拥有冰河客户端软件 G_Client.exe 的计算机可以对其进行远程控制。

（1）客户端控制程序配置

1）双击运行客户端控制程序 G_Client.exe，主界面如图 2-41 所示。

图 2-41　冰河主界面

2）选择"文件"→"配置服务器程序"命令或单击"配置本地服务器程序"按钮，出现图 2-42 所示的对话框。

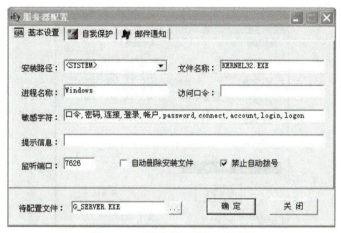

图 2-42 "服务器配置"对话框

3）设置"访问口令"，这样只有知道口令才能实现远程控制。选择"邮件通知"选项卡，出现图 2-43 所示的界面。

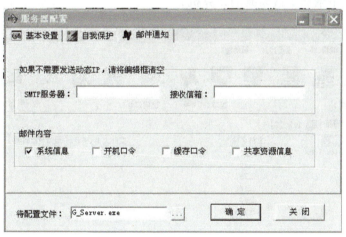

图 2-43 "邮件通知"选项卡

4）在"接收信箱"文本框中输入邮箱地址，可以通过邮件获取被控制方的相关信息。

（2）搜索安装了木马服务器端的计算机

1）执行"文件"→"自动搜索"命令，弹出图 2-44 所示的对话框。

2）在"起始域"文本框里输入想要查找的 IP 地址，如果要搜索 IP 地址为 127.0.0.1～127.0.0.255 网段的计算机，应将"起始域"设为"127.0.0.1"，将"起始地址"和"终止地址"分别设为"1"和"255"。

3）单击"开始搜索"按钮，在"搜索结果"列

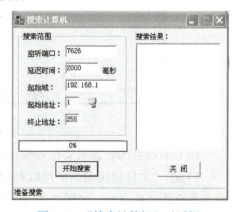

图 2-44 "搜索计算机"对话框

表框里显示检测到的正在上网的计算机的 IP 地址，地址前面的"ERR:"表示这台计算机无法控制；显示"OK:"则表示它曾经经过 G_Server.exe，可以进行控制，如图 2-45 所示。

图 2-45　找到目标计算机

4）单击"关闭"按钮，返回冰河主界面，如图 2-46 所示。与未搜索前的冰河主界面相比，在"文件管理器"下增加了搜索到的计算机。

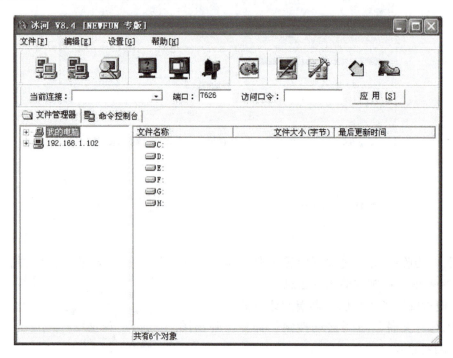

图 2-46　搜索到目标计算机后的冰河主界面

（3）对找到的计算机实现远程控制

1）在"文件管理器"中可以对远程计算机中的文件进行各种操作，就像对自己计算机的文件操作一样方便，如图 2-47 所示。

图 2-47 对远程计算机中的文件进行操作

2）打开"命令控制台"，在图 2-48 所示的"口令类命令"中可以查看系统信息、各种口令、击键记录等。

图 2-48 口令类命令

3）在图 2-49 所示的"控制类命令"中，可以对被控制方的计算机进行"捕获屏幕""发送信息""进程管理""鼠标控制"等操作。

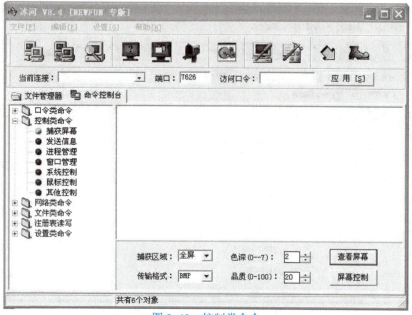

图 2-49 控制类命令

4)在"网络类命令"中可以进行创建共享等操作;在"文件类命令"中可以对目录、文件进行各种操作;在"注册表读写"中可以对注册表键值进行读/写操作;在"设置类命令"中可以进行更改计算机名等操作。

(4) 冰河的清除

冰河的 G_Server.exe 服务器端程序在计算机上运行后,会在 Windows\System32 目录下生成 Kernel32.exe 和 Sysexplr.exe 两个文件,并将自身删除,这样木马实际上就变成了 Kernel32.exe 和 Sysexplr.exe。Kernel32.exe 在开机启动时自动启动,它是木马的主程序,用来和客户端连接;Sysexplr.exe 通过修改注册表与扩展名为 .txt 的文件进行关联,双击打开任何一个 .txt 文件后,该程序就会被执行一遍,再由它生成一个 Kernel32.exe 文件,并让其随系统启动。如果只删除了 Kernel32.exe,而没有删除 Sysexplr.exe,则 Sysexplr.exe 会借助文件关联重新生成主程序。

清除系统中冰河木马的具体步骤如下。

1)按 <Ctrl+Alt+Del> 组合键,打开"任务管理器",选择"进程"选项卡,找到进程 Kernel32.exe 和 Sysexplr.exe,单击"结束进程"按钮,使它们退出内存。

2)到 Windows\system32 目录下找到 Kernel32.exe 和 Sysexplr.exe 两个文件,将它们删除。

3)修改注册表。选择"开始"→"运行"命令,在"运行"文本框中输入 regedit,单击"确定"按钮,在"注册表编辑器"对话框中打开 HKEY_LOCAL_MACHINE\SOFTWARE\Microsoft\Windows\CurrentVersion \Run,双击"默认"字符串,出现对话框,从中将其数据内容清除即可。

4)以同一方法处理注册表的 HKEY_LOCAL_MACHINE\SOFTWARE\Microsoft\Windows\CurrentVersion\Runservices 项,这样就取消了 Kernel32.exe 的开机启动。

5)打开注册表的 HKEY_CLASSES_ROOT\txtfile\shell\open\command 项,双击"默认"字符串,在"数值数据"文本框中输入 C:\WINDOWS\system32\notepad.exe%1,单击"确定"按钮,这样就恢复了 .txt 文件与记事本的关联,Sysexplr.exe 就不起作用了。

2.5.4 木马检测

1．系统进程检测法

木马的运行会生成系统进程，虽然部分木马程序通过相关技术使其不显示在进程管理器中，但大多数木马程序运行时都会形成系统中的进程。

进行进程检查，可以按下 <Ctrl+Alt+Del> 组合键，在出现的任务管理器中进行。也可以通过选择"开始"→"程序"→"附件"→"系统信息"→"软件环境"→"正在运行的任务"选项，查看当前运行的详细进程信息如图 2-50 所示。

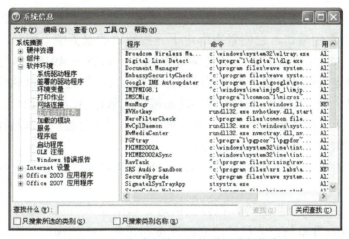

图 2-50　查看当前运行的详细进程信息

2．注册表检测法

虽然有少数木马与特定的文件捆绑，但大部分木马都把自己登记在开机启动的程序中，这样就可以通过注册表进行检查。

执行"开始"→"运行"命令，在弹出的对话框中输入 regedit，打开"注册表编辑器"，检查注册表启动项，如图 2-51 所示。

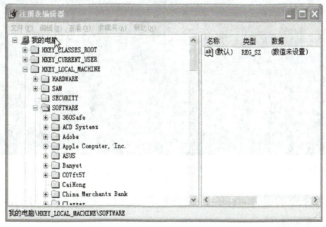

图 2-51　检查注册表启动项

1）检查 HKEY_LOCAL_MACHINE\SOFTWARE\Microsoft\Windows\Current Version 下的 Run、RunOnce、RunOnceEx、Runservices 等启动项中是否有可疑程序。

2）检查 HKEY_CLASSES_ROOT\exefile\shell\open\command 项中是否有 .exe 文件关联型木马程序，正确的键值应该是"%1"%*。如果键中包含任何默认以外的程序，都要将其修改为默认值。

3）检查 HKEY_CLASSES_ROOT\inifile\shell\open\command 项中是否有 .inf 文件关联型木马程序，正确的键值应该是 Windows\system32\NOTEPAD.EXE%1。

4）检查 HKEY_CLASSES_ROOT\txtfile\shell\open\command 项中是否有 .txt 文件关联型木马程序，正确的键值应该是 Windows\system32\NOTEPAD.EXE%1。

5）检查开放的端口。

端口是计算机与外界进行数据和信息交换的通道，软件端口指网络中的通信协议端口，1024 以下的端口为常用端口，它们紧密绑定于一些特定的服务中。通常，这些端口有明确的服务协议绑定，如 80 端口绑定的就是 WWW 服务。1025～49151 称为注册端口，这些端口多数没有明确定义服务对象，可以根据实际需要定义，如远程控制软件和木马程序都会有这些端口的定义。使 49152～65536 成为动态端口或私有端口，理论上，不应该把常用服务分配在这些端口上，而实际应用中，一些特殊的程序，特别是一些木马程序就常常使用这些端口，因为这些端口不易发现，易于隐蔽。

通常，木马程序会在系统中监听某个端口，因此可以通过查看系统中开启的端口来判断是否有木马运行。

执行"开始"→"运行"命令，在弹出的对话框中输入 cmd，在打开的窗口中输入命令 netstat -an，可以查看系统当前已经建立的连接和正在监听的端口，同时可以查看正在连接的远程主机的 IP 地址，如图 2-52 所示。

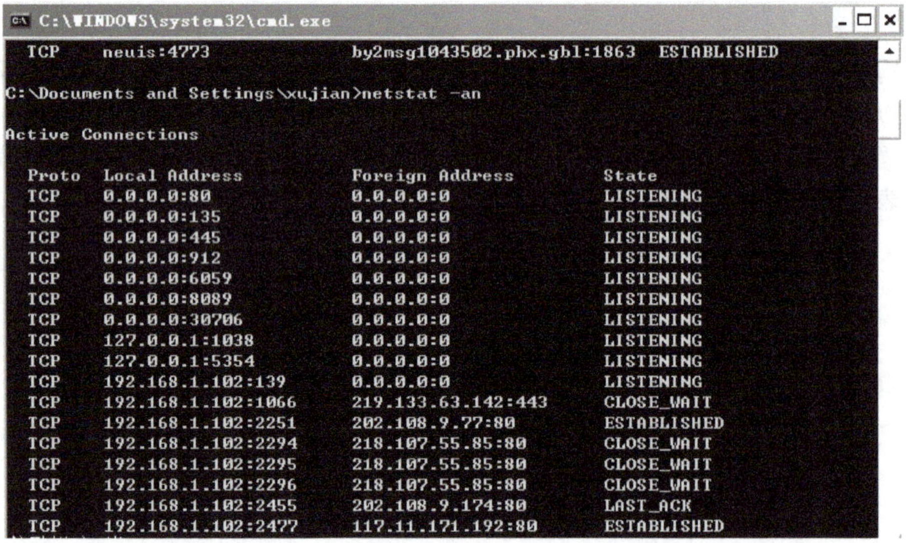

图 2-52　检查系统中的端口及正在连接远程主机的 IP 地址

Local Address 栏对应的是本机的 IP 和开放的端口，如果端口号与常见木马的端口号相同，说明本机隐藏了该种木马。

2.5.5 清除木马

1．使用 The Cleaner Professional 查杀系统中的木马程序

The Cleaner Professional 是 MicroSoft 公司开发的查杀木马软件，可以查杀各种木马、蠕虫、间谍程序等。

该软件包括 Cleaner、TCActive！和 TCMonitor 等组件，其中，Cleaner 专门查杀木马等病毒程序；TCActive！用来显示当前正在运行的所有进程；TCMonitor 负责在后台监视系统文件和注册表是否被修改，如果发现修改立即报警。

2．使用木马清道夫清除木马

木马清道夫是一款流行的木马查杀共享软件，它能够查杀目前网络上流行的各种木马及病毒，体积小，易操作，是一个性能良好的国产木马查杀软件。

木马清道夫的主要功能包括扫描进程、扫描硬盘、扫描注册表、可疑模块探测、木马防火墙、漏洞扫描等。

木马清道夫程序启动后，弹出程序主界面，如图 2-53 所示。

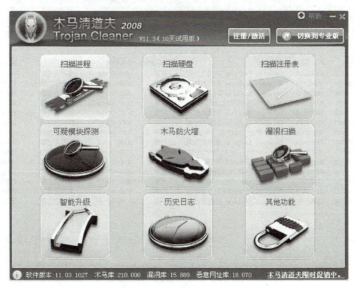

图 2-53　木马清道夫主界面

单击"扫描进程"按钮，弹出扫描界面，单击"扫描"按钮可对系统中的进程进行扫描，如图 2-54 所示。

单击"可疑模块探测"按钮，弹出可疑模块探测界面，单击"开始探测"按钮，软件将探测系统中可疑的模块，如图 2-55 所示。在探测结束后，软件会询问用户是否上报可疑模块，如果用户选择"是"，软件将上报可疑模块，从而能及时地发现系统中的木马程序。

通过执行木马清道夫程序中所提供的漏洞扫描功能，可以检测系统所存在的安全漏洞，如图 2-56 所示。同时可以通过软件所提供的自动下载功能，去下载系统中存在的漏洞的补丁程序。

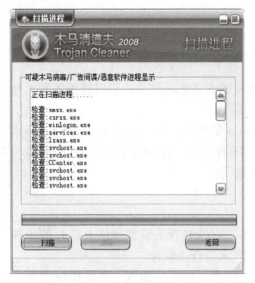

图 2-54 扫描进程　　　　　图 2-55 可疑模块探测

图 2-56 系统漏洞扫描

2.6 本章习题

一、选择题

1. 将攻击类型同描述正确的选项搭配起来。
   （1）密码攻击（　　）　　　　　（2）端口重定向（　　）
   （3）侦察攻击（　　）　　　　　（4）蠕虫、病毒、特洛伊木马（　　）

A．利用遭到攻击的主机透过防火墙发送本将被丢弃的数据流

B．向网络设备发送大量数据流，使其无法处理合法数据流

C．字典破解和暴力攻击

D．使用 ping 扫描、端口扫描和分组嗅探来获取网络信息

E．一种恶意软件，设计用于破坏系统、自我复制，阻止用户访问网络、系统或服务

2．进行远程管理路由器时，如果要求高度私密性和会话完整性，应使用（　　）协议。

A．SNMP　　　　B．SSH　　　　C．Telnet　　　　D．HTTP

3．在以下人为的恶意攻击行为中，属于主动攻击是（　　）。

A．非法访问　　　B．身份假冒　　　C．数据流分析　　　D．数据窃听

4．属于被动攻击的恶意网络行为是（　　）。

A．端口扫描　　　B．缓冲区溢出　　　C．IP 欺骗　　　D．网络监听

5．在短时间内向网络中的某台服务器发送大量无效连接请求，导致合法用户暂时无法访问服务器的攻击行为是破坏了（　　）。

A．机密性　　　B．完整性　　　C．可用性　　　D．可控性

6．有意避开系统访问控制机制，对网络设备及资源进行非正常使用，属于（　　）。

A．破坏数据完整性　　　　　　B．非授权访问

C．信息泄露　　　　　　　　　D．拒绝服务攻击

7．（　　）利用以太网的特点，将设备网卡设置为"混杂模式"，从而能够接收整个以太网内的网络数据信息。

A．嗅探程序　　　B．木马程序　　　C．拒绝服务攻击　　　D．缓冲区溢出攻击

8．字典攻击被用于（　　）。

A．用户欺骗　　　B．远程登录　　　C．网络嗅探　　　D．破解密码

9．使用 FTP 进行文件下载时（　　）。

A．包括用户名和口令在内，所有传输的数据都不会被自动加密

B．包括用户名和口令在内，所有传输的数据都会被自动加密

C．用户名和口令是加密传输的，而其他数据则以明文方式传输

D．用户名和口令是不加密传输的，其他数据则是加密传输的

10．在下面四种病毒中，（　　）可以远程控制网络中的计算机。

A．worm.Sasser.f　　　　　　B．Win32.CIH

C．Trojan.qq3344　　　　　　D．Macro.Melissa

二、简答题

1．比较 TCP connect 扫描和 TCP SYN 扫描的异同。

2．如何利用 Sniffer Pro 分析捕获的数据？

3．如果一个局域网内的传输速率下降，那么怎么用 Sniffer Pro 进行分析？

4．给出几种不同的木马防范方法。

5．列出拒绝服务攻击的种类和防范的方法。

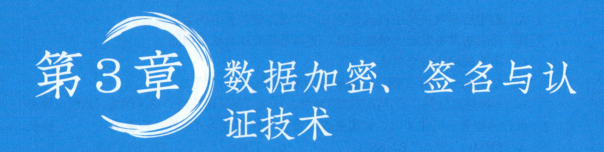

第 3 章 数据加密、签名与认证技术

3.1 数据加密技术

3.1.1 密码技术

所谓加密技术,是指将信息(或称明文,Plain Text)经过加密密钥(Encryption Key)及加密函数转换,变成无意义的密文(Cipher Text),而接收方则将此密文经过解密函数、解密密钥(Decryption Key)还原成明文。加密技术是网络安全技术的基石。密码及加密技术已经成为当代信息化社会中一项常用的有效防范措施,并被运用到大部分网络安全产品和应用中。密码技术是信息传输安全的重要保障,通过数据加密及密钥管理,可以保证网络环境中数据传输和交换的安全。

密码技术是通信双方按约定的法则进行信息特殊变换的一种保密技术。根据特定的法则,变明文为密文。从明文变成密文的过程称为加密(Encryption);由密文恢复出明文的过程称为解密(Decryption)。密码在早期仅对文字或数码进行加/解密,随着通信技术的发展,对语音、图像、数据等都可实施加/解密变换。密码学是由密码编码学和密码分析学组成的,其中,密码编码学主要研究对信息进行编码以实现信息隐蔽,而密码分析学则主要研究通过密文获取对应的明文信息。密码学研究密码理论、密码算法、密码协议、密码技术和密码应用等。随着密码学的不断成熟,大量密码产品应用于国计民生中,如 USB Key、PIN Entry Device、RFID 卡、银行卡等。广义上讲,包含密码功能的应用产品也是密码产品,如各种物联网产品,它们的结构与计算机类似,也包括运算、控制、存储、输入、输出等部分。密码芯片是密码产品安全性的关键,它通常是由系统控制模块、密码服务模块、存储器控制模块、功能辅助模块、通信模块等关键部件构成的。

数据加密技术要求只有在指定的用户或网络下,才能解除密码而获得原来的数据,这就需要给数据发送方和接收方以一些特殊的信息用于加/解密,这就是所谓的密钥。其密钥的值是从大量的随机数中选取的。

加密技术主要研究对信息进行变换,以保护信息在传递过程中不被攻击者窃取、解读和利用。加密的基本思想是对机密信息进行伪装。一个密码系统可完成如下伪装:某用户(加密者)对需要进行伪装的机密信息(明文)进行变换(加密变换),得到另外一种看起来似乎与原有信息不相关的信息(密文),如果合法用户(接收者)获得了伪装后的信息,那么可以从这些信息中分析得到原来的机密信息（解密变换）；如果不合法用户（攻击者）获得这些伪装后的信息，那么基本上无法分析并得到原有的机密信息。图3-1是加/解密过程示意图。

一个密码体制系统通常由以下五部分组成。
- 明文空间M，所有明文的集合。
- 密文空间C，所有密文的集合。
- 密钥空间K，所有密钥的集合K=（Ke，Kd）。
- 加密算法E，C=E（M，Ke）。
- 解密算法D，M=D（C，Kd），D是E的逆变换。

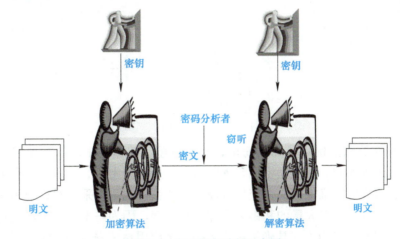

图3-1 加/解密过程示意图

加密技术包括两个主要元素：算法和密钥。密钥是用来对数据进行编码和解码的一种算法。在网络安全中，可通过适当的密钥加密技术和管理机制来保证网络的信息安全。密钥加密技术的密码体制根据加/解密算法所使用的密钥是否相同可分为对称密钥体制和非对称密钥体制两种。相应的，加密技术也可分为对称加密体制和非对称加密体制两种。

3.1.2 对称密钥加密体制

对称密钥加密又叫专用密钥加密或共享密钥加密，即发送和接收数据的双方必须使用相同的密钥对明文进行加密和解密运算。对称加密算法是非常古老的加密算法，一般所说的"密电码"采用的就是对称加密。由于对称加密算法运算量小、速度快、安全强度高，因而如今仍广泛被采用。DES是一种数据分组的加密算法，它将数据分成长度为64位的数据块，其中8位用作奇偶校验，剩余的56位作为密码的长度。使用DES进行加密的步骤：第一步将原文进行置换，得到64位的杂乱无章的数据组；第二步将其分成均等两段；第三步用加密函数进行变换，并在给定的密钥参数条件下，进行多次迭代，从而得到加密密文。

1．对称密钥加密技术的工作过程

对称密钥加密中，加密密钥与解密密钥是相同的，即信息的发送方和接收方使用的是同一把私有密钥。

下面简单介绍对称密钥加密技术的工作过程,如图 3-2 所示。

1)发送方用自己的密钥对要发送的信息进行加密。
2)发送方将加密后的信息通过网络传送给接收方。
3)接收方使用发送方进行加密的密钥对接收到的加密信息进行解密,得到明文信息。

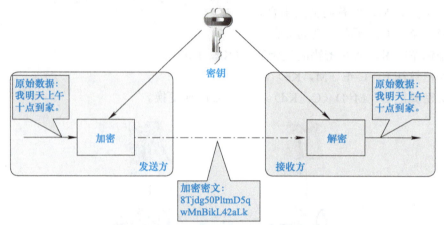

图 3-2　对称密钥加密技术的工作过程

对称密钥加密算法的优点是算法简单、密钥较短、破译困难、加密和解密的速度快、适合对大量数据进行加密。缺点是密钥管理困难。一方面,密钥必须通过安全可靠的途径传递,如果通信的双方能够确保密钥在交换阶段未曾泄露,就可以采用对称密钥加密算法对信息进行加密。另一方面,有大量的私钥需要保护和管理,因为与不同的客户交互信息需要不同的私钥加密。因此,密钥管理是确保对称密钥加密应用系统安全的关键性因素。

2. 对称密钥加密算法

目前,在对称密钥加密算法中常用的算法包括 DES、3DES、AES 和 IDEA 等。

(1) DES(Data Encryption Standard)　DES 是美国国家标准与技术研究所(NIST)在 1977 年才有的数据加密标准,DES 的广泛使用使其颇具名气。该数据加密标准,速度较快,适用于加密大量数据的场合。DES 是非常常用的对称密钥加密算法。DES 密钥长度为 56 位,分组长度为 64 位。

(2) 3DES(Triple DES)　3DES 是基于 DES 算法对一块数据用三种不同的密钥进行三次加密的数据加密标准,它的加密强度更高。3DES 最初是由 Tuchman 提出的,在 1985 年的 ANSI 标准 X9.17 中第一次为金融应用进行了标准化。1999 年,TDEA 合并到数据加密标准中,TDEA 使用三种密钥,并执行三次 DES 算法。TDEA 密钥长度是 168 位。通过提高密钥长度和时间复杂度,来提高安全性。

(3) AES(Advanced Encryption Standard)　AES 是美国国家标准与技术研究所用于加密电子数据的规范。AES 是一个迭代的、对称密钥分组的密码,它可以使用 128、192 和 256 位密钥,并且用 128 位(16 字节)分组加密和解密数据。与公共密钥密码使用密钥对不同,对称密钥密码使用相同的密钥加密和解密数据。通过分组密码返回的加密数据的位数与输入数据相同。迭代加密使用一个循环结构,在该循环中重复置换(Permutations)和替换(Substitutions)输入数据。该算法是一种高级加密标准,速度快,安全级别高。

（4）IDEA（International Data Encryption Algorithm） IDEA 是在 1991 年由瑞士联邦技术协会的 Xuejia Lai 和 James Massey 开发的。IDEA 以 64 位的明文块进行分组，密钥长度为 128 位，由 8 轮迭代操作实现。每个迭代都由三种函数组成：mod（216）加法、mod（216+1）乘法和逐位异或算法。整个算法包括子密钥产生过程、数据加密过程、数据解密过程三部分。该加密算法规定明文和密文块均为 64 位，密钥长度为 128 位，加/解密相同，只是密钥各异。

3．对称密钥加密的要求

对称密钥的双方使用相同的密钥，必须以绝对安全的形式传送密钥才能保证安全，这点不如非对称密钥。在对称密钥中，密钥的管理极为重要，一旦密钥丢失，密文将无密可保。使用这种方式与多方通信时，因为需要保存很多密钥而变得很复杂，而且密钥本身的安全就是一个问题。对称密钥加密需要满足以下要求。

1）需要强大的加密算法。算法至少应该满足：即使分析人员知道了算法并能访问一些或者更多的密文，也不能译出密文或得出密钥。通常，这个要求以更强硬的形式表达出来，即使分析人员拥有一些密文和生成密文的明文，也不能译出密文或者发现密钥。也就是说，加密算法应足以抵抗已知明文类型的破译。

2）发送方和接收方必须用安全的方式来获得保密密钥的副本，必须保证密钥的安全。如果有人发现了密钥，并知道了算法，则使用此密钥的所有通信都是可读取的。

这里以一个具体例子来说明，有助于真正理解对称密钥加密的概念。假设 A 需要把一份明文为 M 的资料发给 B，但是因为担心资料在传输的中途被窃听或者篡改，就用了对称密钥加密算法将 M 经过一个加密函数 Fk 处理后生成 M′密文，而 B 接收到密文后通过事先商定好的 Fk 再次处理 M′，便可以还原成明文 M，从而达到安全传输信息的目的。

3.1.3 非对称密钥加密体制

非对称密钥加密技术也称为公开密钥密码。不同于对称密钥加密技术，非对称密钥加密体制是建立在数学函数基础上的，而不是建立在位方式的操作上。更重要的是，在加/解密时分别使用了两个不同的密钥：一个可对外公开，称为公钥，即加密密钥；另一个只有所有者知道，称为"私钥"，即解密密钥。公钥和私钥之间具有紧密联系，用公钥加密的信息只能用相应的私钥解密，反之亦然。

使用非对称密钥加密和解密时使用不同的密钥，即不同的算法，虽然两者之间存在一定的关系，但不可能轻易地从一个推导出另一个。例如，有一个公用的加密密钥，有多个解密密钥，如 RSA 算法。非对称密钥由于两个密钥（加密密钥和解密密钥）各不相同，因而可以将一个密钥公开，而将另一个密钥保密，同样可以起到加密的作用。

1．非对称密钥加密技术的工作过程

在这种编码过程中，一个密钥用来加密消息，而另一个密钥用来解密消息。在两个密钥中有一种关系，通常是数学关系。公钥和私钥都是一组十分长的、数字上相关的素数（是另一个大数字的因数）。使用一个密钥不能翻译出消息，因为用一个密钥加密的消息只能用另一个密钥才能解密。每个用户可以得到唯一的一对密钥，一个是公开的，另一个是保密的。公共密钥保存在公共区域，可在用户中传递，甚至可印在报纸上面。而私钥必须存放在安全、

保密的地方。任何人都可以有公钥，但是只有一个人能有私钥。一般，非对称密钥加密系统的工作过程如图 3-3 所示。

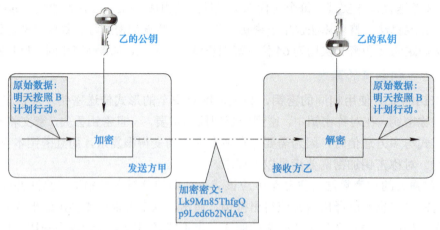

图 3-3 非对称密钥加密系统的工作过程

1）发送方甲要给接收方乙发送信息，接收方乙首先要产生一对密钥用于加密和解密，一个密钥公开（公钥），另一个密钥私有（私钥）。

2）发送方甲得到乙公开的公有密钥，并使用该密钥对信息进行加密。

3）甲将加密后的信息通过网络传送给接收方乙。

4）接收方乙使用私钥对接收到的加密信息进行解密，得到明文信息。乙只能用其专用密钥（私钥）解密由对应的公钥加密后的信息。

非对称密钥加密算法中，无论用户与多少客户交互，都需要两个密钥，即公钥和私钥。可以实现多用户加密的信息只能由一个用户解读，或由一个用户加密的信息使多个用户解读。前者可用于在公共网络中实现保密通信，后者可用于实现对用户的认证。公钥即加密密钥，是公开的，因而解决了对称密钥加密算法中密钥传递的问题；私钥即解密密钥，只有一个，因而解决了对称密钥加密算法中用户管理众多私钥的问题。非对称密钥加密算法的保密性比较好，因为最终用户不必交换密钥，但其加密和解密花费的时间长，速度慢，不适合于对文件加密，只适用于对少量数据进行加密。

2．非对称密钥加密算法

非对称密钥加密系统的基本工具不再是代换和置换，而是数学函数。非对称密钥加密算法主要用于加/解密、数字签名、密钥交换。常用的非对称密钥加密算法有 RSA、DSA、ECC 等。

（1）RSA 由 RSA 公司发明，是一个支持变长密钥的公共密钥算法，需要加密的文件块的长度也是可变的。

（2）DSA（Digital Signature Algorithm） 数字签名算法，是一种标准的 DSS（数字签名标准）。

（3）ECC（Elliptic Curves Cryptography） 椭圆曲线密码编码学，抗攻击性强，计算量小，处理速度快，存储空间占用少，带宽要求低。ECC 的这些特点使它取代 RSA，成为通用的公钥加密算法。

非对称密钥加密机制虽然提供了良好的保密性，但难以鉴别发送者，即任何得到公开密钥的人都可以生成和发送报文。数字签名机制提供了一种鉴别方法，以解决伪造、抵赖、冒充和篡改等问题。

3．非对称密钥加密机制与对称密钥加密机制的区别

非对称密钥加密和对称密钥加密在加/解密的过程和速度、传输的安全性上都有所不同，具体介绍如下。

（1）加密和解密过程不同　对称密钥加密过程和解密过程使用的是同一个密钥，加密过程用原文+密钥可以传输出密文，同时解密过程用密文+密钥可以推导出原文。但非对称密钥加密采用了两个密钥，一般使用公钥进行加密，使用私钥进行解密。

（2）加/解密速度不同　对称密钥加/解密的速度比较快，适合数据量比较大的场合使用。非对称密钥加密和解密花费的时间长，速度相对较慢，只适合对少量数据的使用，如图3-4所示。

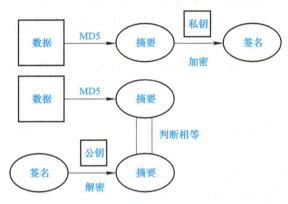

图3-4　非对称密钥加密机制与对称密钥加密机制

（3）传输的安全性不同　对称密钥加密的过程中无法确保密钥被安全传递，密文在传输过程中是可能被第三方截获的，如果"密码本"被第三方截获，则传输的密码信息将被第三方破获，安全性相对较低。

非对称密钥加密算法中，私钥是基于不同的算法生成的不同随机数，私钥通过一定的加密算法推导出公钥，但私钥到公钥的推导过程是单向的，也就是说公钥无法反推导出私钥，所以安全性较高。

3.2　签名

3.2.1　电子签名

1．电子签名的定义与功能

通俗点说，电子签名就是通过密码技术对电子文档的电子形式的签名，并非是书面签名的数字图像化，它类似于手写签名或印章，也可以说它就是电子印章。

电子签名其实是一种电子代码。利用它，收件人便能在网上轻松验证发件人的身份和签名。它还能验证出文件的原文在传输过程中有无变动。如果有人想通过网络把一份重要文件发送给外地的人，那么收件人和发件人都需要首先向一个许可证授权机构 CA 申请一份电子许可证。这份加密的证书包括了申请者在网上的公共钥匙，即"公共计算机密码"，用于文件验证。

发件人使用 CA 发布的收件人的公钥对文件加密，并用自己的密钥对文件进行签名。当收件人收到文件后，先用发件人的公钥解析签名，证明此文件确为发件人发的。接着用自己的私钥对文件解密并阅读。

电子签名是当前认证技术的泛称。美国《统一电子交易法》规定，电子签名泛指与电子记录相关联的或在逻辑上相关联的电子声音、符号或程序，而该电子声音、符号或程序是某人为达到签署电子记录的目的而采用的。联合国《电子商务示范法》中规定，电子签名是包含、附加在某一数据电文内，或逻辑上与某一数据电文相联系的电子形式的数据，它能被用来证实与此数据电文有关的签名人的身份，并表明该签名人认可该数据电文所载的信息。欧盟的《电子签名指令》规定，电子签名泛指与其他电子记录相关联的或在逻辑上相关联并以此作为认证方法的电子形式的数据。

从上述定义来看，凡是在电子通信中能证明当事人的身份、证明当事人对文件内容认可的电子技术手段，都可被称为电子签名。电子签名即当前认证技术的一般性概念，它是电子商务安全的重要保障手段。

从电子签名的定义中可以看出，电子签名的以下两个基本功能。

1）识别签名人。

2）表明签名人对内容的认可。

法律上在定义电子签名时充分考虑了技术中立性，关于电子签名的规定是基于签名的基本功能制定的，认为凡是满足签名基本功能的电子技术手段，均为电子签名。由电子签名和数字签名的定义可以看出，两者的不同之处如下。

1）电子签名是从法律的角度提出的，是技术中立的，任何满足签名基本功能的电子技术手段都可称为电子签名。

2）数字签名是从技术的角度提出的，是需要使用密码技术的，主要目的是确认数据单元来源和数据单元的完整性。

3）电子签名是一种泛化的概念，数字签名可被认为是电子签名的一种实现方式，数字签名提供了比电子签名基本要求更高的功能。

2．电子签名与加密技术

电子签名技术的实现需要使用到非对称密钥加密和报文摘要。非对称密钥加密是指用户有两个密钥，一个是公钥，一个是私钥。公钥是公开的，任何人可以使用；私钥是保密的，只有用户自己可以使用。公钥和私钥是对应关系。用户可以用对方的公钥加密信息，并传送给对方，对方使用自己的私钥将密文解开。公钥和私钥是互相解密的，而且绝对不会有第三者能插进来。

报文摘要利用 HASH 算法对任何要传输的信息进行运算，生成 128 位的报文摘要。不同内容的信息一定会生成不同的报文摘要，因此报文摘要就成了电子信息的"指纹"。有了非对称密钥加密技术和报文摘要技术，就可以实现对电子信息的电子签名了。

3．电子签名软件

文档电子签名软件是一种电子盖章和文档安全系统，可以实现电子盖章（即数字签名）、文档加密、签名者身份验证等多项功能，对于签名者的身份确认、文档内容的完整性和签名不可抵赖性等问题的解决具有重要作用。

使用数字证书对 Word 文档进行数字签名，可保证签名者的签名信息和被签名的文档不被非法篡改。签名者可以在签名时对文档签署意见，数字签名同样可以保证此意见不被篡改。软件应嵌入 Word 环境，集成为应用组件，使用简便，界面友善。操作生成的数字签名和意见以对象方式嵌入 Word 文档。

软件还应支持多人多次签名，每个签名都可以在文档中的任意位置生成，完全由签名者控制。软件要避免采用宏技术，从而避免因用户禁用宏而导致软件失效。数字签名使用的数字证书可以存储在智能卡和 USB 电子令牌之类的硬件设备中，这些存储介质自身有安全性高、携带方便等特点，进一步提高了系统的安全性。

在企业中，对于往来的需审批的重要文档，必须保持其安全、有效，并要求留下审批者的意见及签名。如果采用传统的方法（如传真），势必造成大量的扫描文件需要存储，且文档不好管理的情况，而电子签名在安全体系的保证下，会显著提高文档管理的效率。由此看来，采用先进的 IT 技术，能推动人们的无纸化办公进一步地向前发展。

3.2.2 数字签名

数字签名是目前 Internet 中电子商务领域重要的技术，对文件进行加密只解决了传送信息的保密问题，而防止他人对传输的文件进行破坏，以及如何确定发件人的身份还需要采取其他的手段，这一手段就是数字签名。在电子商务安全保密系统中，数字签名技术有着特别重要的地位，在电子商务安全服务的源鉴别、完整性服务、不可否认服务中，都要用到数字签名技术。在电子商务中，完善的数字签名应具备签字方不能抵赖、他人不能伪造、在公证人面前能够验证真伪的特点。实现数字签名有很多方法，目前采用较多的是公钥加密技术，公钥加密系统采用的是非对称密钥加密算法，如基于 RSA Date Security 公司的 PKCS（Public Key Cryptography Standards）、Digital Signature Algorithm、x.509、PGP（Pretty Good Privacy）。1994 年，美国标准与技术协会公布了数字签名标准，从而推动了公钥加密技术的广泛应用。

1．数字签名的实现原理

数字签名文件的完整性是很容易验证的，而且数字签名具有不可抵赖性、不可否认性的特点。简单地说，所谓数字签名，就是附加在数据单元上的一些数据，或是对数据单元所做的密码变换。这种数据或变换允许数据单元的接收者确认数据单元的来源和数据单元的完整性并保护数据，防止被人（如接收者）进行伪造。它是对电子形式的消息进行签名的一种方法，签名消息能在一个通信网络中传输。基于公钥的密码体制和基于私钥的密码体制都可以获得数字签名。数字签名包括普通数字签名和特殊数字签名。普通数字签名算法有 RSA、ElGamal、Fiat-Shamir、Guillou-Quisquarter、Schnorr、Ong-Schnorr-Shamir、Des/DSA、椭圆曲线和有限自动机等数字签名算法等。特殊数字签名有盲签名、代理签名、群签名、不可否认签名、公平盲签名、门限签名、具有消息恢复功能的签名等，它与具体应用环境密切相关。

2．数字签名的过程

数字签名的主要方式是报文的发送方从报文文本中生成一个 128 位的散列值（或报文摘要）。发送方用自己的私人密钥对这个散列值进行加密来形成发送方的数字签名。然后，这个数字签名将作为报文的附件和报文一起发送给报文的接收方。报文的接收方首先从接收到的原始报文中计算出 128 位的散列值（或报文摘要），接着用发送方的公用密钥来对报文附加的数字签名进行解密。如果两个散列值相同，那么接收方就能确认该数字签名是发送方的。通过数字签名能够实现对原始报文的鉴别。在书面文件上签名是确认文件的一种手段，其作用以下有两点。

1) 因为自己的签名难以否认，从而确认了文件已签署这一事实。
2) 因为签名不易仿冒，从而确定了文件是真的这一事实。

数字签名与书面文件签名有相同之处。采用数字签名，也能确认信息是由签名者发送的，信息自签发后到收到为止未曾做过任何修改。数字签名可用来防止电子信息因易被修改而有人伪造，或冒用别人名义发送信息，或发出（收到）信息后又否认等情况发生。

3.2.3 数字证书与 CA 认证

1．数字证书

证书实际是由证书签证机关（CA）签发的对用户公钥的认证。证书的内容包括电子签证机关的信息、公钥用户信息、公钥、权威机构的签字和有效期等。证书的格式和验证方法普遍遵循 X.509 国际标准。基于数字证书的应用角度分类，数字证书可以分为以下几种。

（1）个人数字证书　主要用于标识数字证书自然人所有人的身份，包含了个人的身份信息及其公钥，如用户姓名、证件号码、身份类型等，可用于个人在网上进行合同签订、录入审核等活动。

（2）机构数字证书　用于机构在电子政务和电子商务方面的对外活动，如合同签订等方面。证书中包含机构信息和机构的公钥，以及机构的签名私钥，用于标识证书持有机构的真实身份。此证书相当于现实世界中机构的公章，具有唯一性，即每个机构只有一个。

（3）设备数字证书　用于在网络应用中标识网络设备的身份，主要包含了设备的相关信息及其公钥，如域名、网址等，可用于 VPN 服务器、Web 服务器等各种网络设备在网络通信中标识和验证设备身份。

（4）代码签名数字证书　是签发给软件提供者的数字证书，包含了软件提供者的身份信息及其公钥，主要用于证明软件发布者所发行的软件代码来源于一个真实的软件发布者，可以有效防止软件代码被篡改。

2. CA 认证

证书颁发机构（Certificate Authority，CA）认证，即电子认证服务，是指为电子签名相关各方提供真实性、可靠性验证的活动。CA 即颁发数字证书的机构，是负责发放和管理数字证书的权威机构，并作为电子商务交易中受信任的第三方，承担公钥体系中公钥的合法性检验的责任。CA 为每个使用公开密钥的用户发放一个数字证书，数字证书的作用是证明证书中列出的用户合法拥有证书中列出的公开密钥。CA 的数字签名使得攻击者不能伪造和篡改证书。在 SET 交易中，CA 不仅对持卡人、商户发放证书，还要对获款的银行、网关发放证书。

CA 是证书的签发机构，是 PKI 的核心。CA 是负责签发证书、认证证书、管理已颁发证书的机关。它通过制定政策和具体步骤来验证、识别用户身份，并对用户证书进行签名，以确保证书持有者的身份和公钥的拥有权。CA 也拥有一个证书（内含公钥）和私钥。网上的公众用户通过验证 CA 的签字从而信任 CA，任何人都可以得到 CA 的证书（含公钥），用于验证它所签发的证书。

数字证书为实现双方安全通信提供了电子认证。在 Internet、企业内部网或外部网中，可以使用数字证书实现身份识别和电子信息加密。数字证书中含有公钥对所有者的识别信息，通过验证识别信息的真伪实现对证书持有者身份的认证。

如果用户想得到一份属于自己的证书，应先向 CA 提出申请。在 CA 判明申请者的身份后，便为其分配一个公钥，并且 CA 将该公钥与申请者的身份信息绑在一起，并为之签字，形成证书发给申请者。如果一个用户想鉴别另一个证书的真伪，就用 CA 的公钥对那个证书上的签字进行验证，一旦验证通过，该证书就被认为是有效的，CA 认证流程如图 3-5 所示。

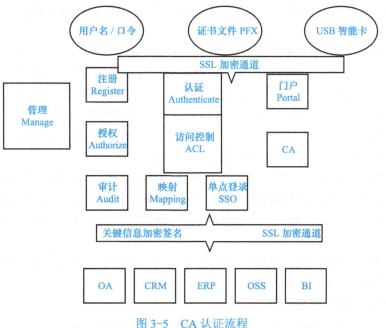

图 3-5 CA 认证流程

接收方在收到信息后用如下的步骤验证签名的真实性。
1）使用自己的私钥将信息转换为明文。
2）使用发送方的公钥从数字签名部分得到源摘要。
3）接收方对所发送的源信息进行 HASH 运算，也产生一个摘要。
4）接收方比较两个摘要，如果两者相同，则可以证明信息签名者的身份。

如果两个摘要的内容不符，则可能对摘要进行签名所用的私钥不是签名者的私钥，这就表明信息的签名者不可信；也可能收到的信息根本就不是签名者发送的信息，信息在传输过程中已经遭到破坏或篡改。数字证书具有的特征如下。
1）保密性：只有收件人才能阅读信息。
2）认证性：确认信息发送者的身份。
3）完整性：信息在传递过程中不会被篡改。
4）不可抵赖性：发送者不能否认已发送的信息。

为保证用户之间在网上传递信息的安全性、真实性、可靠性、完整性和不可抵赖性，不仅需要对用户的身份真实性进行验证，而且需要有一个具有权威性、公正性、唯一性的机构，负责向电子商务的各个主体颁发并管理符合国内、国际安全电子交易协议标准的电子商务安全证，并负责管理所有参与网上交易的个体所需的数字证书，因此是安全电子交易的核心环节。

3．加密与解密

数字证书在用户公钥后附加了用户信息及 CA 的签名。公钥是密钥对的一部分，另一部分是私钥。公钥公之于众，谁都可以使用。私钥只有使用者自己知道。由公钥加密的信息只能由与之相对应的私钥解密。为确保只有某个人才能阅读自己的信件，发送者要用收件人的公钥加密信件；收件人便可用自己的私钥解密信件。同样，为证实发件人的身份，发送者要用自己的私钥对信件进行签名；收件人可使用发送者的公钥对签名进行验证，以确认发送者的身份。

在线交易中，可以使用数字证书验证对方身份。用数字证书加密信息，可以确保只有接收者才能解密、阅读原文，也可以确保信息在传递过程中的保密性和完整性。有了数字证书，网上安全才得以实现，电子邮件、在线交易和信用卡购物的安全才能得到保证。

将文字转换成不能直接阅读的形式（即密文）的过程称为加密。密文转换成能够直接阅读的文字（即明文）的过程称为解密。如何在电子文档上实现数字签名？RSA 公钥体制可实现对数字信息的数字签名，方法如下。

信息发送者用其私钥对从所传报文中提取出的特征数据（或称数字指纹）进行 RSA 算法操作，以保证发信人无法抵赖曾发过该信息（即不可抵赖性），同时也确保信息报文在传递过程中未被篡改（即完整性）。当信息接收者收到报文后，就可以用发送者的公钥对数字签名进行验证。

在数字签名中，有重要作用的数字指纹是通过一类特殊的散列函数（HASH 函数）生成的。对这些 HASH 函数的特殊要求如下。
1）接收的输入报文数据没有长度限制。
2）对任何输入报文数据生成固定长度的摘要（数字指纹）输出。

3）从报文能方便地算出摘要。
4）难以对指定的摘要生成报文，而通过该报文可以算出该指定的摘要。
5）两个不同的报文难以生成相同的摘要。

3.3 认证技术

3.3.1 认证的种类

网络认证技术是网络安全技术的重要组成部分之一。认证指的是证实被认证对象是否属实和是否有效的一个过程。其基本思想是通过验证被认证对象的属性来达到确认被认证对象是否真实有效的目的。被认证对象的属性可以是口令、数字签名或者像指纹、声音、虹膜这样的生理特征。认证常常被用于通信双方相互确认身份，以保证通信的安全。

安全认证技术从鉴别对象上可以分为消息认证和身份认证两种。

1）消息认证：用于确认信息的完整性和抗否认性。在很多情况下，用户要确认网上信息是不是假的，信息是否被第三方修改或伪造。

2）身份认证：用于鉴别用户身份，包括识别访问者的身份，对访问者声称身份的确认。

根据应用的需要，认证基本模式主要有单向验证和双向验证两种。

1）单向验证：从甲到乙的单向通信，它建立了甲和乙双方身份的证明以及从甲到乙的任何通信消息的完整性。

2）双向验证：双向验证与单向验证类似，但它增加了来自乙的应答。双向验证保证了是乙而不是冒名者发送来的应答，保证了双方通信的机密性，并可防止攻击。双向验证包括一个单向验证和一个从乙到甲的类似的单向验证。

3.3.2 消息认证

随着网络技术的发展，对网络传输过程中信息的保密性提出了更高的要求，这些要求主要如下。

1）对敏感的文件进行加密，即使别人截取文件也无法得到其内容。

2）保证数据的完整性，防止截获人在文件中加入其他信息。

3）对数据和信息的来源进行验证，以确保发信人的身份。

实际应用中，普遍通过加密方式来满足以上要求，实现消息的安全认证。消息认证是一个过程，就是验证消息的完整性，当接收方收到发送方的报文时，接收方验证接收消息的真实性（的确是由它所声称的实体发来的）和完整性（未被篡改、插入、删除），同时验证消息的顺序性和时间性（未重排、重放、延迟）。消息认证所用的摘要算法与一般的对称或非对称密钥加密算法不同，它并不用于防止信息被窃取，而是用于证明原文的完整性和准确性。也就是说，消息认证主要用于防止信息被篡改。

可用来做消息认证的函数主要有以下三类。

1）消息加密函数，用完整消息的密文作为对消息的认证。

2）消息认证码（MAC），对信源消息的一个编码函数。

3）HASH函数，一个公开的函数，能将一个任意长的消息映射成一个固定长度的消息。

1. 消息认证码

消息加密函数主要有利用对称密钥加密体制实现消息认证和利用公钥加密体制实现消息认证两种。消息发送者在消息中加入一个鉴别码（MAC、MDC等），经加密后发送给接收者（有时只需加密鉴别码即可）。接收者利用约定的算法对解密后的消息进行鉴别运算，将得到的鉴别码与收到的鉴别码进行比较，若两者相等，则接收，否则拒绝接收。

消息认证码（Message Authentication Code，MAC）是用来保证数据完整性的一种工具，它可以防止数据未经授权被篡改。MAC是利用密钥对要认证的消息产生新的数据块并对数据块加密生成的。认证编码的基本方法是：在要发送的消息中引入冗余度，使通过信道传送的可能序列集C大于消息集M。对于任何选定的编码规则（对应于某一特定密钥），发送方从C中选出用来代表消息的随机序列，即码字，接收方根据编码规则确定出发送方按此规则向其传来的消息，如图3-6所示。

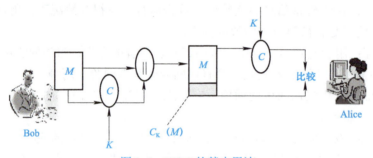

图3-6 MAC的基本用法

串扰者由于不知道密钥，因而所伪造的假码字多是C中的禁用序列，接收方将以很高的概率将其检测出来并拒绝。认证系统设计者的任务是构造好认证码，使接收方受骗概率降到最小。

2. 消息认证系统模型

相对于密码系统，认证系统强调的是完整性。消息由发送者发出后，经过由密钥控制或无密钥控制的认证编码器变换，加入认证码，将消息连同认证码一起在公开的无扰信道进行传输，有密钥控制时还需要将密钥通过一个安全信道传输至接收方。接收方在收到所有数据后，经过由密钥控制或无密钥控制的认证译码器进行认证，判定消息是否完整。消息在整个过程中以明文形式或某种变形方式进行传输，但并不一定要求加密，也不一定要求内容对第三方保密。攻击者能够截获和分析信道中传送的消息内容，而且可能伪造消息并传送给接收者进行欺诈。攻击者不再像保密系统中的密码分析者那样始终处于消极被动地位，而是主动攻击者。

认证编码器和认证译码器可以抽象为认证方法，如图3-7所示。一个安全的消息认证系统，必须选择合适的认证函数，该函数产生一个鉴别标志，然后在此基础上建立合理的认证协议，使接收者完成消息的认证。

在消息认证中，包括消息源和消息宿两种认证方法。

1）消息源的认证：通信双方事先约定发送消息的数据加密密钥，接收者只需要证实发送来的消息是否能用该密钥还原成明文就能鉴别发送者。如果双方使用同一个数据加密密钥，那么只需在消息中嵌入发送者识别符即可。

2）消息宿的认证：通信双方约定各自发送消息所使用的通行字，发送消息中含有此通行字并进行加密，接收者只需判别消息中解密的通行字是否等于约定的通行字就能鉴别发送者。为了安全起见，通行字应该是可变的。

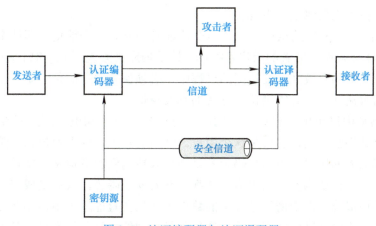

图 3-7　认证编码器与认证译码器

消息认证中常见的攻击和对策如下。

1）重放攻击：截获以前协议执行时传输的信息，然后在某个时候再次使用。对付这种攻击的一种措施是在认证消息中包含一个非重复值，如序列号、时间戳、随机数或嵌入目标身份的标志符等。

2）冒充攻击：攻击者冒充合法用户发布虚假消息。为避免这种攻击，可采用身份认证技术。

3）重组攻击：把以前协议执行时一次或多次传输的信息重新组合，然后进行攻击。为了避免这类攻击，把协议运行中的所有消息都连接在一起。

4）篡改攻击：修改、删除、添加或替换真实的消息。为避免这种攻击，可采用消息认证码 MAC 或 HASH 函数等技术。

3.3.3　身份认证

身份认证也称为"身份验证"或"身份鉴别"，是指在计算机及计算机网络系统中确认操作者身份的过程，从而确定该用户是否具有对某种资源的访问权限和使用权限，进而使计算机和网络系统的访问策略能够可靠、有效地执行，防止攻击者假冒合法用户获得资源的访问权限，保证系统和数据的安全，以及保证授权访问者的合法利益。身份认证是获得系统服务所必需的第一道关卡。

如何通过技术手段保证用户的物理身份与数字身份相对应呢？在真实世界中，验证一个人的身份主要通过三种方式判定。

1）根据用户所知道的信息来证明自己的身份（What You Know），假设某些信息只有某个人知道，如暗号等，那么通过询问这个信息就可以确认这个人的身份。

2）根据用户所拥有的东西来证明自己的身份（What You Have），假设某一个东西只有某个人有，如印章等，那么通过出示这个东西也可以确认这个人的身份。

3）直接根据用户独一无二的身体特征来证明自己的身份（Who You Are），如指纹、面貌等。

在信息系统中，一般来说，有三个要素可以用于认证过程：用户的知识（Knowledge），如口令等；用户的物品（Possession），如 IC 卡等；用户的特征（Characteristic），如指纹等。常见的身份认证技术主要包括以下几种。

（1）基于用户名/密码的认证方法　口令认证必须具备一个前提，即请求认证者必须具有一个 ID，该 ID 必须在认证者的用户数据库（该数据库必须包括 ID 和口令）中是唯一的。同时，为了保证认证的有效性，在认证的过程中，必须保证口令的传输是安全的，请求认证者在向认证者请求认证前，必须确认认证者的真实身份。

用户的密码是由这个用户自己设定的，只有用户自己才知道，因此只要能够正确输入密码，计算机就认为密码输入者就是这个用户。然而实际上，许多用户为了防止忘记密码，经常采用自己或家人的生日、电话号码等容易被他人猜测到的有意义的字符串作为密码，或者把密码抄在一个自己认为安全的地方，这都存在着安全隐患，极易造成密码泄露。即使能保证用户密码不被泄露，由于密码是静态的数据，并且在验证过程中需要在计算机内存中和网络中传输，而每次验证过程使用的验证信息都是相同的，因此很容易被驻留在计算机内存中的木马程序或网络中的监听设备截获。因此，该认证技术是极不安全的，可以说基本上没有任何安全性可言。

（2）IC 卡认证　IC 卡是一种内置集成电路的卡片，卡片中存有与用户身份相关的数据。IC 卡由专门的厂商通过专门的设备生产，可以被认为是不可复制的硬件。IC 卡由合法用户随身携带，登录时必须将 IC 卡插入专用的读卡器以读取其中的信息，用于验证用户的身份。IC 卡认证基于"What you have"的手段，通过 IC 卡硬件的不可复制性来保证用户身份不被仿冒。然而由于每次从 IC 卡中读取的数据都是静态的，通过内存扫描或网络监听等技术能很容易地截取到用户的身份验证信息，因此，该方式还是存在安全隐患。

（3）动态口令认证　动态口令技术是一种让用户的密码按照时间或使用的次数不断动态变化，并且每个密码只使用一次的技术。它采用一种称为动态令牌的专用硬件，内置电源、密码生成芯片和显示屏。密码生成芯片运行专门的密码算法，根据当前时间或使用次数生成密码并显示在显示屏上。认证服务器采用相同的算法计算当前的有效密码。用户使用时只需要将动态令牌上显示的当前密码输入客户端计算机，即可实现身份的确认。由于每次使用的密码必须由动态令牌来产生，只有合法用户才持有该硬件，所以只要密码验证通过就可以认为该用户的身份是可靠的。由于用户每次使用的密码都不相同，因此即使黑客截获了一次密码，也无法利用这个密码来仿冒合法用户的身份。

动态口令技术采用一次一密的方法，有效地保证了用户身份的安全性。但是如果客户端硬件与服务器端程序的时间或次数不能保持良好的同步，就可能发生合法用户无法登录的问题。由于用户每次登录时还需要通过键盘输入一长串无规律的密码，因此一旦看错或输错就要重新进行，用户的使用非常不方便。

（4）生物特征认证　生物特征认证是指采用每个人独一无二的生物特征来验证用户身份的技术。常见的有指纹识别、虹膜识别等。从理论上说，生物特征认证是最可靠的身份认证方式，因为它直接使用人的物理特征来表示每一个人的数字身份，不同的人具有相同生物特征的可能性可以忽略不计，因此几乎不可能被仿冒。

生物特征认证基于生物特征识别技术，受到现在的生物特征识别技术成熟度的影响，采用生物特征认证还具有较大的局限性。首先，生物特征识别的准确性和稳定性还有待提高，特别是如果用户身体受到伤病或污渍的影响，往往导致无法正常识别，造成合法用户无法登录的情况。其次，由于研发投入较大和产量较小的原因，生物特征认证系统的成本非常高，目前只适合于一些安全性要求非常高的场合（如银行、部队等）使用，还无法做到大面积推广。

（5）USB Key 认证　基于 USB Key 的身份认证方式是近几年发展起来的一种方便、安全、经济的身份认证技术。它采用软硬件相结合的一次一密的强双因子认证模式，很好地解决了安全性与易用性之间的矛盾。USB Key 是一种 USB 接口的硬件设备，它内置单片机或智能卡芯片，可以存储用户的密钥或数字证书，利用 USB Key 内置的密码学算法实现对用户身份的认证。基于 USB Key 身份认证的系统主要有两种应用模式：一种是基于冲击/响应的认证模式，另一种是基于 PKI 体系的认证模式。

3.4　本章习题

一、选择题

1. 把明文变成密文的过程称为（　　）。
   A．加密算法　　B．加密　　　　C．解密　　　　D．密文
2. IDEA 是一种对称密钥加密算法，加密密钥是（　　）位。
   A．48　　　　　B．56　　　　　C．64　　　　　D．128
3. （　　）是最常用的公钥密码算法。
   A．椭圆曲线　　B．量子密码　　C．DSA　　　　D．RSA
4. 消息认证就是验证消息的（　　）。
   A．完整性　　　B．准确性　　　C．保密性　　　D．安全性
5. 认证通常被用于通信双方相互确认身份，以确保通信的安全。认证一般分为身份认证和（　　）。
   A．消息认证　　B．访问认证　　C．ID 认证　　　D．第三方认证

二、简答题

1. 简述对称密钥密码体制的原理和特点。
2. 什么是密钥管理？为什么要进行密钥管理？密钥管理包括哪些内容？
3. 什么是数字签名？简述数字签名的过程。
4. 认证技术一般可以分为哪几种？
5. 目前常见的网络安全协议包括哪些？各自有什么优缺点？

第4章 无线网络安全技术

4.1 IEEE 802.1x 协议

4.1.1 IEEE 802.1x 协议概述

最初,由于 IEEE 802 局域网协议定义的局域网并不提供接入认证,只要用户能接入局域网接入设备(如局域网交换机),就可以访问局域网中的设备或资源,因此这在早期的局域网应用环境中并不存在很多的安全问题。但现今,随着网络内部攻击的泛滥,内部网络安全已经受到越来越多的重视,内部网络设备的非法接入也成了极大的安全隐患。此外,由于移动办公的大规模发展,尤其是无线局域网的应用和局域网接入在运营商网络上大规模开展,都有必要对端口加以控制以实现用户级的接入控制。

起初,IEEE 802.1x 的开发是为了解决 WLAN(Wireless Local Area Network,无线局域网)用户的接入认证问题,后来由于其提供的安全机制成本低,具有较高的灵活性和扩展性而得到广泛的部署和应用,现在也被用来解决有线局域网的安全接入问题。

IEEE 802.1x 协议是一种基于端口的网络接入控制(Port Based Network Access Control)协议。"基于端口的网络接入控制"是指在局域网接入设备的端口对所接入的设备进行认证和控制。如果连接到端口上的设备能够通过认证,则端口就开放,终端设备就被允许访问局域网中的资源;如果连接到端口上的设备不能通过认证,则端口就相当于被关闭,终端设备就无法访问局域网中的资源。

IEEE 802.1x 协议是 WLAN 第二代的认证技术,它是基于客户端/服务器(Client/Server)结构的访问控制和认证协议。它可以限制未经授权的用户/设备通过接入端口(Access Port)访问 LAN/WLAN。在获得交换机或 LAN 提供的各种业务之前,IEEE 802.1x 对连接到交换机端口上的用户/设备进行认证。在认证通过之前,IEEE 802.1x 只允许 EAPol(基于局域网的扩展认证协议)数据通过设备连接的交换机端口;认证通过以后,正常的数据可以顺利地通过以太网端口。

IEEE 802.1x 协议是第二层协议,不需要到达第三层,对设备的整体性能要求不高,可以有效降低建网成本。它借用了 RAS 系统中常用的可扩展的身份认证协议(EAP),可以提供良好的扩展性和适应性,实现对传统 PPP 认证架构的兼容;IEEE 802.1x 的认证体系结构采用了"可控端口"和"不可控端口"的逻辑功能,从而可以实现业务与认证的分离。网络访问技术的核心部分是 PAE(端口访问实体)。

在访问控制流程中,端口访问实体包含三部分。
1)认证者:对接入的用户/设备进行认证的端口。
2)请求者:被认证的用户/设备。
3)认证服务器:根据认证者的信息,对请求访问网络资源的用户/设备执行实际认证操作的设备。

4.1.2 IEEE 802.1x 认证体系

IEEE 802.1x 标准定义了客户端/服务器的体系结构,用来防止非授权的设备接入局域网。IEEE 802.1x 体系结构中包括三个组件,即恳求者系统(Supplicant System)、认证系统(Authenticator System)和认证服务器系统(Authentication Server System),如图 4-1 所示。

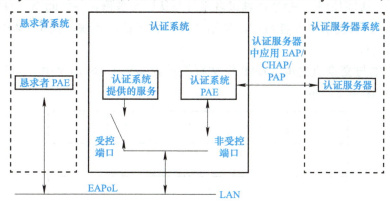

图 4-1 IEEE 802.1x 认证体系结构

1. 恳求者系统

恳求者系统也称为客户端,是位于局域网链路一端的实体,它被连接到该链接另一端的设备端(认证系统)进行认证。恳求者系统通常为一个支持 IEEE 802.1x 认证的用户终端设备(如安装了 IEEE 802.1x 客户端软件的 PC,或者 Windows XP 系统提供的客户端),用户通过启动客户端软件触发 IEEE 802.1x 认证。

2. 认证系统

认证系统对连接到链路对端的恳求者系统进行认证,是恳求者与认证服务器之间的"中介"。认证系统通常为支持 IEEE 802.1x 协议的网络设备,如以太网交换机、无线接入点(Access Point)等,它为恳求者提供接入局域网的服务端口,该端口可以是物理端口,也可以是逻辑端口。认证系统的每个端口内部都包含受控端口和非受控端口。非受控端口始终处于双向联通状态,主要用来传递 EAPoL(Extensible Authentication Protocol over LAN,基于局域网的扩展认证协议)帧,可随时保证接收认证请求者发出的 EAPoL 认证报文;受控端口只有在认证通过的状态下才打开,用于传递网络资源和服务。在认证通过之前,IEEE 802.1x 只允许 EAPoL 报文通过端口;认证通过以后,正常的用户数据可以顺利地通过端口进入网络中。

认证系统与认证服务器之间也运行 EAP，认证系统将 EAP 帧封装到 RADIUS 报文中，并通过网络发送给认证服务器。当认证系统接收到认证服务器返回的认证响应后（被封装在 RADIUS 报文中），再从 RADIUS 报文中提取出 EAP 信息并封装成 EAP 帧发送给恳求者。

3．认证服务器系统

认证服务器系统是为认证系统端提供认证服务的实体，通常是一个 RADIUS 服务器，用于实现用户的认证、授权和计费。该服务器系统用来存储用户的相关信息，如用户的账号、密码以及用户所属的 VLAN、用户的访问控制列表等。它从认证系统收到的 RADIUS 报文中读取用户的身份信息，使用本地的认证数据库进行认证，然后将认证结果封装到 RADIUS 报文中后返回给认证系统。

4.1.3　IEEE 802.1x 认证过程

IEEE 802.1x 认证使用了 EAP 在恳求者系统与认证服务器系统之间交互身份认证信息。下面使用验证客户端表示恳求者系统，使用交换机表示认证系统，使用 RADIUS 服务器表示认证服务器系统。

1）在客户端与交换机之间，EAP 报文直接被封装到 LAN 协议中（如 Ethernet），即 EAPoL 报文，如图 4-2 所示。

EAP-MD5	EAP-TLS	LEAP	PEAP	PEAP
EAP					
802.1x					
LAN					

图 4-2　EAPoL 报文

2）在交换机与 RADIUS 服务器之间，EAP 报文被封装到 RADIUS 报文中，即 EAPoRADIUS 报文。此外，在交换机与 RADIUS 服务器之间还可以使用 RADIUS 协议交互 PAP 和 CHAP 报文。

3）交换机在整个认证过程中不参与认证，所有的认证工作都由 RADIUS 服务器完成。RADIUS 可以使用不同的认证方式对客户端进行认证，如 EAP-MD5、PAP、CHAP、EAP-TLS、LEAP、PEAP 等。

4）当 RADIUS 服务器对客户端身份进行认证后，将认证结果（接收或拒绝）返回给交换机，交换机根据认证结果决定受控端口的状态，如图 4-3 所示。

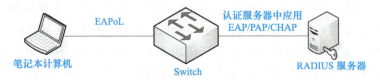

图 4-3　IEEE 802.1x 认证过程

4.1.4　IEEE 802.1x 认证模式

从认证方式来说，IEEE 802.1x 支持两种认证模式，即 EAP 中继模式和 EAP 终结模式。两种模式的报文交互过程略有不同。

（1）EAP 中继模式　EAP 中继模式是 IEEE 802.1x 标准中定义的认证模式，正如之前介绍的，交换机将 EAP 报文封装到 RADIUS 报文中，通过网络发送到 RADIUS 服务器。对于这种模式，需要 RADIUS 服务器支持 EAP 属性。

使用 EAP 中继模式的认证方式有 EAP-MD5、EAP-TLS（Extensible Authentication Protocol-Transport Layer Security，扩展认证协议 - 传输层安全）、EAP-TTLS（Extensible Authentication Protocol-Tunneled Transport Layer Security，扩展认证协议 - 隧道传输层安全）和 PEAP（Protected EAP，受保护的 EAP）。

1）EAP-MD5：这种方式验证客户端的身份，RADIUS 服务器给客户端发送 MD5 挑战值（MD5 Challenge），客户端用此挑战值对身份验证密码进行加密。

2）EAP-TLS：这种方式同时验证客户端与服务器的身份，客户端与服务器互相验证对方的数字证书，保证双方的身份都合法。

3）EAP-TTLS：它是 EAP-TLS 的一种扩展认证方式，它使用 TLS 建立起来的安全隧道传递身份认证信息。

4）PEAP：与 EAP-TTLS 相似，也首先使用 TLS 建立起安全隧道。在建立隧道的过程中，只使用服务器的证书，客户端不需要证书。安全隧道建立完毕后，可以使用其他认证协议［如 EAP-Generic Token Card（EAP-GTC）、Microsoft Challenge Authentication Protocol Version 2］对客户端进行认证，并且认证信息的传递是受保护的。

图 4-4 所示为使用 EAP-MD5 认证方式的 EAP 中继模式的认证过程。

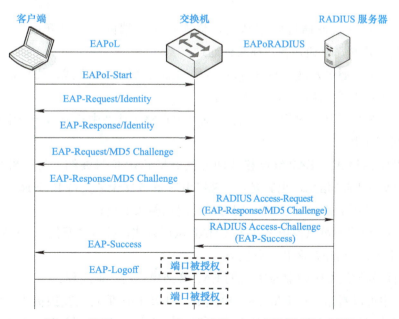

图 4-4　使用 EAP-MD5 认证方式的 EAP 中继模式认证过程

EAP 中继模式（EAP-MD5）的认证过程如下。

1）客户端启动 IEEE 802.1x 客户端程序，向交换机发送一个 EAPoL 报文，表示开始进行 IEEE 802.1x 接入认证。

2）如果交换机端口启用了 IEEE 802.1x 认证，将向客户端发送 EAP-Request/Identity 报文，要求客户端发送其使用的用户名（ID 信息）。

3）客户端响应交换机发送的请求，向交换机发送 EAP-Response/Identity 报文，报文中包含客户端使用的用户名。

4）交换机将 EAP-Response/Identity 报文封装到 RADIUS 的 Access-Request 报文中，通过网络发送给 RADIUS 服务器。

5）RADIUS 服务器收到交换机发送的 RADIUS 报文后，使用报文中的用户名信息在本地用户数据库中查找到对应的密码后，用随机生成的挑战值（MD5 Challenge）与密码进行 MD5 运算，产生一个 128 位的散列值。同时 RADIUS 服务器也将此挑战值通过 RADIUS 的 Access-Challenge 报文发送给交换机。

6）交换机从 RADIUS 报文中提取出 EAP 信息（其中包括挑战值），封装到 EAP-Request/MD5 Challenge 报文中发送给客户端。

7）客户端使用报文中的挑战值与本地的密码也进行 MD5 运算，产生一个 128 位的散列值，封装到 EAP-Response/MD5 Challenge 报文中发送给交换机。

8）交换机将 EAP-Response/MD5 Challenge 信息封装到 RADIUS Access-Request 报文中发送给 RADIUS 服务器。

9）RADIUS 通过将收到的客户端的散列值与自己计算的散列值进行比较，如果相同则表示用户合法，认证通过，并返回 RADIUS Accept 报文，其中包含 EAP-Success 信息。

10）交换机收到认证通过的信息后，将连接客户端的端口"开放"，并发送 EAP-Success 报文给客户端，以通知客户端验证通过。

11）客户端可以通过发送 EAP-Logoff 报文通知交换机主动下线，终止认证状态。交换机收到 EAP-Logoff 报文后将端口"关闭"。

从 EAP 中继模式的认证过程可以看出，交换机在整个认证中扮演着一个中间人的角色，对 EAP 报文进行透传。

（2）EAP 终结模式 EAP 终结模式即交换机将 EAP 信息终结，交换机与 RADIUS 服务器之间无须交互 EAP 信息，也就是说，RADIUS 服务器无须支持 EAP 属性。如果网络中的 RADIUS 服务器不支持 EAP 属性，则可以使用这种认证模式。

在 EAP 终结模式中可以使用 PAP 与 CHAP 认证方式，并且推荐使用 CHAP 认证方式，因为 PAP 使用明文传送用户名和密码信息。

图 4-5 所示为使用 CHAP 认证方式的 EAP 终结模式的认证过程。

从图 4-5 中可以看出，在 EAP 终结模式中，MD5 挑战值是由交换机生成的，随后交换机会将客户端的用户名、MD5 挑战值和客户端计算的散列值一同发送给 RADIUS 服务器，再由 RADIUS 服务器进行认证。对于 EAP 终结模式，交换机与 RADIUS 服务器之间只交换两条消息，减少了信息的交互量，减轻了 RADIUS 服务器的压力。

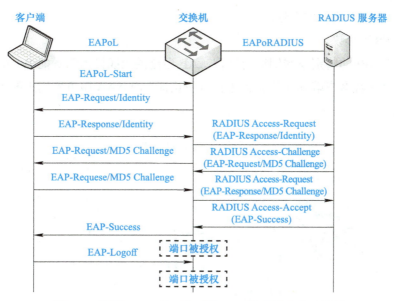

图 4-5　使用 CHAP 认证方式的 EAP 终结模式认证过程

4.2　WLAN 认证

4.2.1　WAPI 技术

WLAN 技术已经广泛地应用于企业和运营商网络。无线通信使用开放性的无线信道资源作为传输介质，导致非法用户很容易发起对 WLAN 的攻击或窃取用户的机密信息。如何保证 WLAN 的安全性一直是 WLAN 技术应用所面临的最大难点之一。

IEEE 标准组织及 WiFi 联盟为此一直在进行着努力，先后推出了 WEP、802.11i（WPA、WPA2）等安全标准，逐步实现了 WLAN 安全性的提升。但 802.11i 并不是 WLAN 安全标准的终极标准，具有一定的不完善之处，如缺少对 WLAN 设备身份的安全认证，我国在无线局域网国家标准 GB 15629.11-2003 中提出了安全等级更高的 WAPI（WLAN Authentication and Privacy Infrastructure，无线局域网鉴别和保密基础结构）安全机制来实现无线局域网的安全。

WAPI 采用了国家密码管理委员会办公室批准的公钥密码体制的椭圆曲线密码算法和对称密码体制的分组密码算法，分别用于无线设备的数字证书、证书鉴别、密钥协商和传输数据的加/解密，从而实现设备的身份鉴别、链路验证、访问控制和用户信息在无线传输状态下的加密保护。

与其他无线局域网安全机制（如 802.11i）相比，WAPI 的优越性集中体现在以下几个方面。

1）双向身份鉴别。
2）基于数字证书确保安全性。
3）完善的鉴别协议。

下面描述 WAPI 的鉴别及密钥协商过程。AP 为提供无线接入服务的 WLAN 设备，鉴别服务器主要帮助无线客户端和无线设备进行身份认证，而 AAA 服务器则主要提供计费服务，如图 4-6 所示。

图 4-6　WAPI 鉴别流程

（1）客户端关联　无线客户端首先和 WLAN 设备进行 IEEE 802.11 链路协商，该过程遵循 IEEE 802.11 标准中定义的协商过程。无线客户端主动发送探测请求消息或侦听 WLAN 设备发送的 Beacon 帧，据此查找可用的网络，支持 WAPI 安全机制的 AP 将会回应或发送携带 WAPI 信息的探测应答消息或 Beacon 帧。在搜索到可用网络后，无线客户端继续发起链路认证交互和关联交互。

（2）AP 激活身份鉴别过程　WLAN 设备触发对无线客户端的鉴别处理，无线客户端成功关联到 WLAN 设备后，设备在判定该用户为 WAPI 用户时，会向无线客户端发送鉴别激活触发消息，触发无线客户端发起 WAPI 鉴别交互过程。

（3）身份认证　无线客户端在发起接入鉴别后，WLAN 设备会向远端的鉴别服务器发起证书鉴别，鉴别请求消息中同时包含无线客户端和 WLAN 设备的证书信息。鉴别服务器对两者的身份进行鉴别，并将验证结果发给 WLAN 设备。如果 WLAN 设备和无线客户端的任何一方发现对方身份非法，那么将主动中止无线连接。

（4）密钥交换　WLAN 设备经鉴别服务器认证成功后，会发起与无线客户端的密钥协商交互过程，先协商用于加密单播报文的单播密钥，然后协商用于加密多播报文的多播密钥。

完整的 WAPI 鉴别协议交互过程如图 4-7 所示。

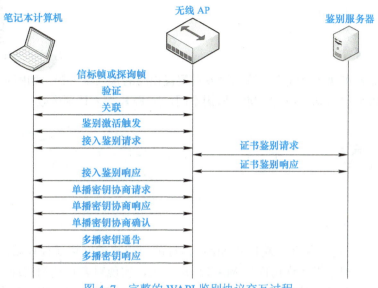

图 4-7 完整的 WAPI 鉴别协议交互过程

（5）AP 根据鉴别结果控制用户接入　无线 AP 将根据鉴别结果决定是否允许用户接入无线网络。

4.2.2 链路认证

1．开放系统认证

开放系统认证（Open System Authentication）是默认使用的认证机制，也是最简单的认证算法，即不认证。如果认证类型设置为开放系统认证，则所有请求认证的客户端都会通过认证。开放系统认证包括两个步骤：第一步是请求认证，第二步是返回认证结果，如图 4-8 所示。

2．共享密钥认证

共享密钥认证（Shared Key Authentication）是除开放系统认证以外的另外一种认证机制。共享密钥认证需要客户端和设备端配置相同的共享密钥。

共享密钥认证的过程为：客户端先向设备发送认证请求，无线 AP 会随机产生一个 Challenge 包（即一个字符串）发送给客户端；客户端会将接收到的字符串复制到新的消息中，用密钥加密后再发送给无线 AP；无线 AP 接收到该消息后，用密钥将该消息解密，然后对解密后的字符串和最初发给客户端的字符串进行比较。如果相同，则说明客户端拥有与无线 AP 相同的共享密钥，即通过了 Shared Key 认证；否则 Shared Key 认证失败，如图 4-9 所示。

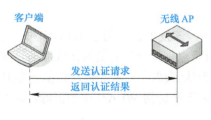

图 4-8　开放系统认证过程

图 4-9　共享密钥认证过程

4.2.3 用户接入认证

1．PSK 认证

PSK 认证需要实现在无线客户端和设备端配置相同的预共享密钥,如图 4-10 所示。如果密钥相同,则 PSK 接入认证成功;如果密钥不同,则 PSK 接入认证失败。

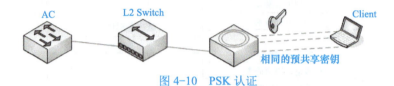

图 4-10　PSK 认证

2．MAC 地址认证

MAC 地址认证是一种基于端口和 MAC 地址的对用户的网络访问权限进行控制的认证方法。通过手工维护一组允许访问的 MAC 地址列表,实现对客户端的物理地址过滤,但这种方法的效率会随着终端数目的增加而降低,因此 MAC 地址认证适用于安全需求不太高的场合,如家庭、小型办公室等环境。

MAC 地址认证分为以下两种方式:

(1) 本地 MAC 地址认证　当选用本地 MAC 认证方式进行 MAC 地址认证时,需要在设备上预先配置允许访问的 MAC 地址列表,如果客户端的 MAC 地址不在允许访问的 MAC 地址列表中,将拒绝其接入请求,如图 4-11 所示。

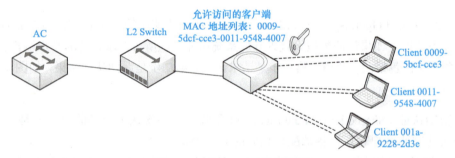

图 4-11　本地 MAC 地址认证

(2) 通过 RADIUS 服务器进行 MAC 地址认证　当进行 MAC 地址认证时,如果发现当前接入的客户端为未知客户端,那么会主动向 RADIUS 服务器发起认证请求。在 RADIUS 服务器完成对该用户的认证后,认证通过的用户可以访问无线网络以及相应的授权信息,如图 4-12 所示。

3．802.1x 认证

802.1x 协议是一种基于端口的网络接入控制协议,该技术也是用于 WLAN 的一种增加网络安全的解决方案。当客户端与 AP 关联后,是否可以使用 AP 提供的无线服务,要取决于 802.1x 的认证结果。检查 MAC 地址后,确认是否认证成功　如果客户端能通过认证,就可以访问 WLAN 中的资源;如果不能通过认证,则无法访问 WLAN 中的资源,802.1x 认证如图 4-13 所示。

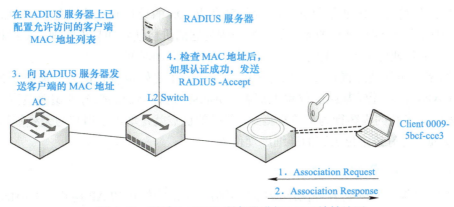

图 4-12　通过 RADIUS 服务器进行 MAC 地址认证

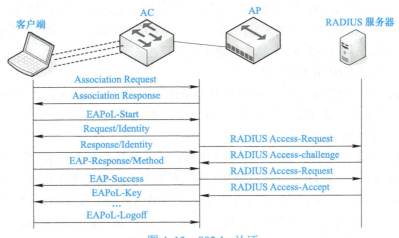

图 4-13　802.1x 认证

4.2.4　WLAN IDS

随着黑客技术的提高，无线局域网（WLAN）受到越来越多的威胁。配置无线基站（WAP）的失误会导致会话劫持以及拒绝服务攻击（DoS）像瘟疫一般影响着无线局域网的安全。无线网络不仅会因为基于传统有线网络 TCP/IP 架构而受到攻击，还有可能受到基于 IEEE（电气和电子工程师学会）发行的 802.11 标准本身的安全问题而受到威胁。为了更好地检测和防御这些潜在的威胁，无线局域网使用了一种入侵检测系统（IDS）。以至于没有配置入侵检测系统的组织机构也开始考虑配置 IDS 的解决方案。

无线入侵检测系统同传统的入侵检测系统类似，但无线入侵检测系统加入了一些无线局域网的检测和对破坏系统反应的特性。无线入侵检测系统可以通过提供商来购买。为了发挥无线入侵检测系统的优良的性能，提供商同时还提供无线入侵检测系统的解决方案。如今，在市面上流行的无线入侵检测系统有 Airdefense RogueWatch 和 Airdefense Guard，一些无线入侵检测系统也得到了 Linux 系统的支持，如自由软件开放源代码组织的 Snort-Wireless 和 WIDZ。

无线入侵检测系统包括集中式和分散式两种。集中式无线入侵检测系统通常用于连接单独的 Sensors（探测器，俗称探头），搜集数据并转发到存储和处理数据的中央系统中。

分散式无线入侵检测系统通常包含多种设备来完成 IDS 的处理和报告功能。分散式无线入侵检测系统比较适合较小规模的无线局域网，因为它的价格便宜和易于管理。多线程处理和报告的 Sensors 管理比集中式无线入侵检测系统花费更多的时间。

无线局域网通常被配置在一个相对大的场所。为了更好地接收信号，需要配置多个无线基站（WAP），在无线基站的位置上部署 Sensors，这样会提高信号的覆盖范围。由于这种物理架构，大多数的黑客行为将被检测到。另外的优点就是增加了用户与无线基站（WAP）的距离，从而能更好地定位黑客的详细地理位置。

1．WLAN IDS 常用的术语

802.11 网络很容易受到各种网络威胁的影响，如未经授权的 AP 用户、Ad-Hoc 网络、拒绝服务攻击等；Rogue 设备对于企业网络安全来说更是一个很严重的威胁。WLAN IDS（Intrusion Detection System）可以对有恶意的用户攻击和入侵行为进行早期检测，保护企业网络和用户不被无线网络上未经授权的设备访问。WIDS 可以在不影响网络性能的情况下对无线网络进行监测，从而提供对各种攻击的实时防范。

WLAN IDS 涉及的常用术语如下。

（1）Rogue AP 网络中未经授权或者有恶意的 AP，它可以是私自接入网络中的 AP、未配置的 AP、邻居 AP 或者攻击者操作的 AP。如果在这些 AP 上存在安全漏洞，那么黑客就有机会危害无线网络安全。

（2）Rogue Client 非法客户端，网络中未经授权或者有恶意的客户端，类似于 Rogue AP。

（3）Rogue Wireless Bridge 非法无线网桥，网络中未经授权或者有恶意的网桥。

（4）Monitor AP 这种 AP 在无线网络中通过扫描或监听无线介质，检测无线网络中的 Rogue 设备。一个 AP 可以同时做接入 AP 和 Monitor AP，也可以只做 Monitor AP。

（5）Ad-Hoc Mode 把无线客户端的工作模式设置为 Ad-Hoc 模式，Ad-Hoc 终端可以不需要任何设备支持而直接进行通信。

2．WLAN IDS 网络架构

（1）物理回应 物理定位是无线入侵检测系统的一个重要的部分。针对 802.11 的攻击会很快被执行，因此对攻击的回应就是必然的了，像封锁非法 IP 地址等一些入侵检测系统的行为，就需要找出入侵者的 IP。不同于传统的局域网，黑客可以攻击远程网络，无线局域网的入侵者就在本地。通过无线入侵检测系统就可以估算出入侵者的物理地址。通过 802.11 的 Sensors 数据分析找出受害者，就可以更容易定位入侵者的地址。一旦确定攻击者的目标，搜索范围缩小，网络安全的特别反应小组就会根据入侵检测系统提供的线索来迅速找出入侵者。

（2）策略执行 无线入侵检测系统不但能找出入侵者，它还能加强策略。使用强有力的策略，会使无线局域网更安全。

（3）威胁检测 无线入侵检测系统不但能检测出攻击者的行为，还能检测到 Rogue WAPS，识别出未加密的 802.11 标准的数据流量。

为了更好地发现潜在的 WAP 目标，黑客通常使用扫描软件，如 Netstumbler 和 Kismet 这样的软件，并使用全球卫星定位系统（Global Positioning System）来记录 WAP 目标的地

理位置。这些工具正因为许多网站对 WAP 的地理支持而变得流行起来。

比探测扫描更严重的是无线入侵检测系统能检测到 DoS 攻击。DoS 攻击在网络上非常普遍。DoS 攻击是因为建筑物阻挡造成信号衰减而发生的。黑客也喜欢对无线局域网进行 DoS 攻击。无线入侵检测系统能检测黑客的这种行为，如伪造合法用户进行泛洪攻击等。

虽然无线入侵检测系统有很多优点，但缺陷也是同时存在的。无线入侵检测系统是一门新技术。新技术在刚开始应用时都会有一些 Bug，无线入侵检测系统也不例外。随着无线入侵检测系统的飞速发展，这个问题也会慢慢解决。

4.3 企业无线网络 802.1x 认证案例

4.3.1 案例描述

假如你是无线网络工程师，在新建的无线网络项目中，客户在建设无线网络时，需要给无线网络设计安全接入策略，考虑到该项目是某外企 IT 公司的无线接入，用户对网络的安全要求很高，并且客户的计算机操作能力也很强，于是选择了相对安全的"入网即认证"的 802.1x 认证方式。如何在没有认证服务器的情况下实现 802.1x 认证呢？可以通过无线交换机自带的本地服务器实现。

4.3.2 项目实施

1．环境要求

需两台计算机、一块无线网卡、一台智能无线 AP、一台智能无线交换机、一台 RingMaster 服务器。

2．网络拓扑

无线网络拓扑如图 4-14 所示。

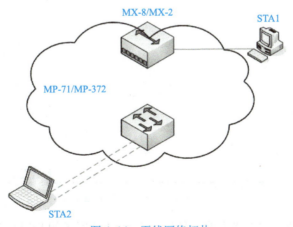

图 4-14　无线网络拓扑

3．实施步骤

1）配置无线交换机的 Web 认证。

进入无线交换机的 Configuration 界面，选择"802.1x Service Profile"选项，用于 802.1x 认证，如图 4-15、图 4-16 所示。

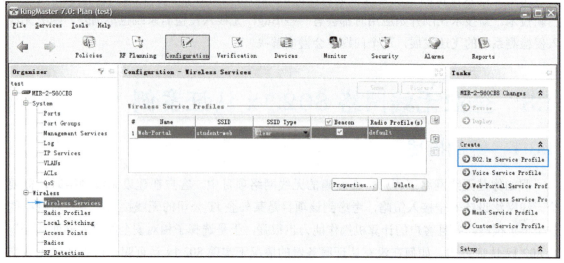

图 4-15　Configuration 界面

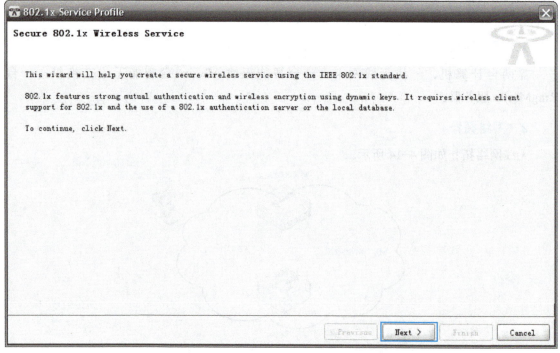

图 4-16　802.1x Service Profile 界面

单击 Next 按钮，在 SSID 界面输入使用 802.1x 认证服务的 SSID 名，如图 4-17 所示。

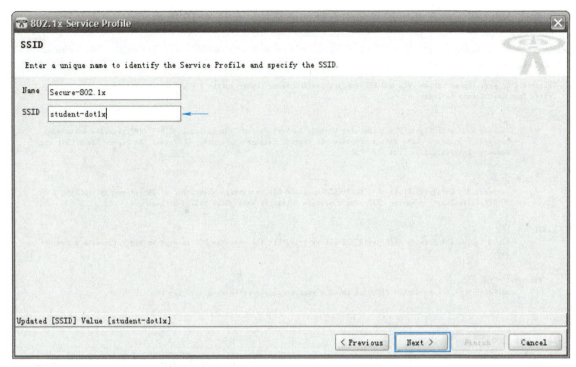

图 4-17 输入 SSID 名

单击 Next 按钮，在弹出的界面中选择加密方式，如图 4-18 所示。

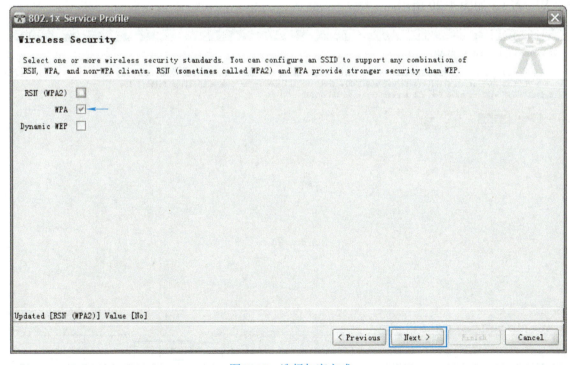

图 4-18 选择加密方式

单击 Next 按钮，在弹出的界面中选择加密算法，如图 4-19 所示。

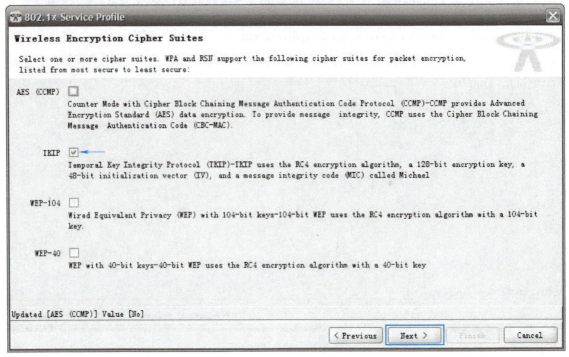

图 4-19　选择加密算法

单击 Next 按钮，在弹出的界面中选择该 SSID 对应的用户 VLAN，这里选择 default，即 VLAN 1，如图 4-20 所示。

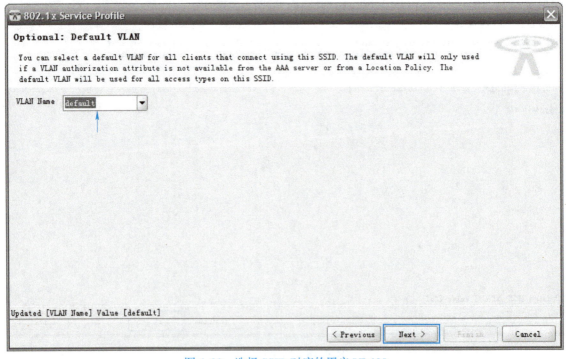

图 4-20　选择 SSID 对应的用户 VLAN

2）选择 802.1x 认证服务的认证服务器。由于这里采用本地数据库，因此将 LOCAL 设置为 Current RADIUS Server Groups，并选择 EAP 类型，如图 4-21 所示。

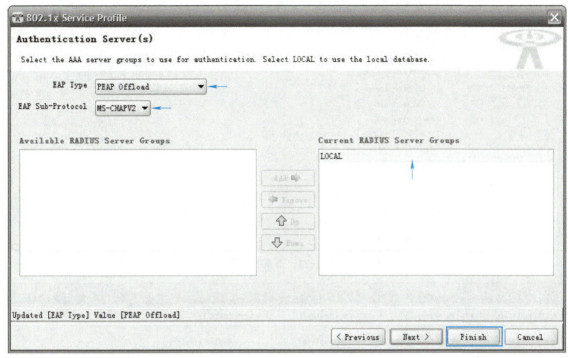

图 4-21　设置 LOCAL 为 Current RADIUS Server Groups 并选择 EAP 类型

完成 802.1x 认证服务的配置，如图 4-22 所示。

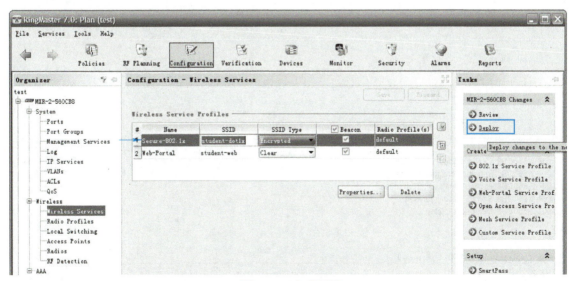

图 4-22　完成配置

回到主页面，确认 802.1x 认证服务已经建立成功。

3）应用配置，下发配置，配置生效，如图 4-23 和图 4-24 所示。

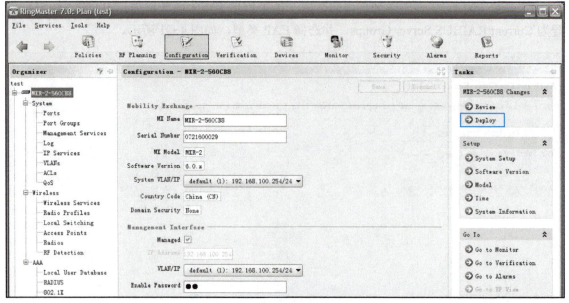

图 4-23 下发配置

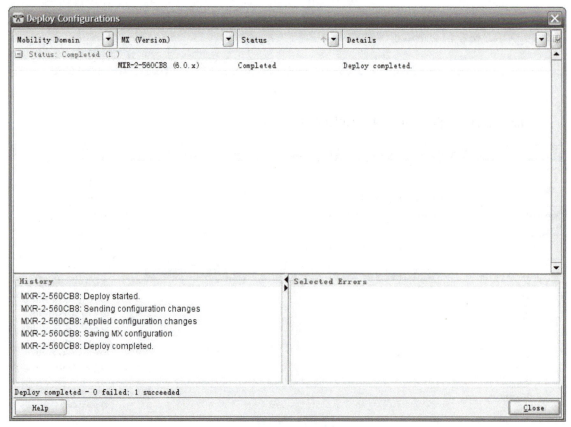

图 4-24 配置生效

4）测试 802.1x 认证。

打开无线网络连接，配置 802.1x 客户端，无线网络连接界面如图 4-25 所示。

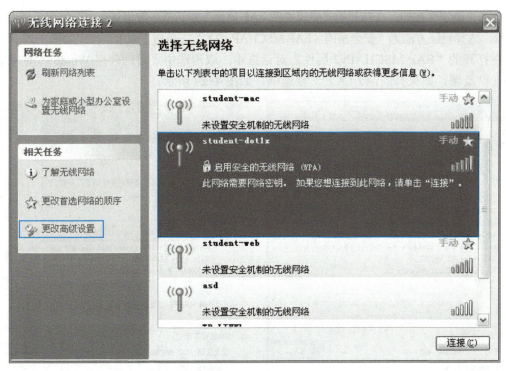

图 4-25　无线网络连接界面

打开无线网络连接属性对话框,选择"无线网络配置"选项卡,单击"添加"按钮,如图 4-26 所示。

在打开的"无线网络属性"对话框中选择"验证"选项卡,"EAP 类型"选择"受保护的 EAP(PEAP)",如图 4-27 所示。

图 4-26　"无线网络配置"选项卡

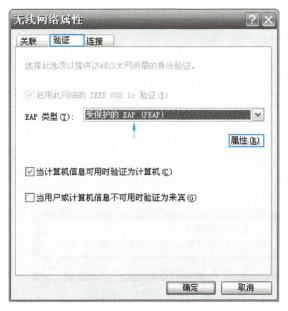

图 4-27　"无线网络属性"对话框

单击"确定"按钮，在打开的"受保护的 EAP 属性"对话框中取消选中"验证服务器证书"复选框，选择验证方法为"安全密码（EAP-MSCHAP v2）"，单击"配置"按钮如图 4-28 所示。

在打开的"EAP MSCHAPv2 属性"对话框中，取消选中"自动使用 Windows 登录名和密码（以及域，如果有的话）（A）"复选框，如图 4-29 所示。

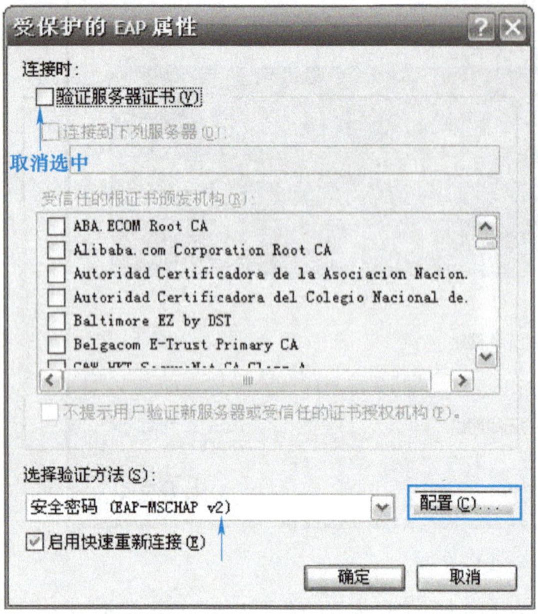

图 4-28 选择验证方法 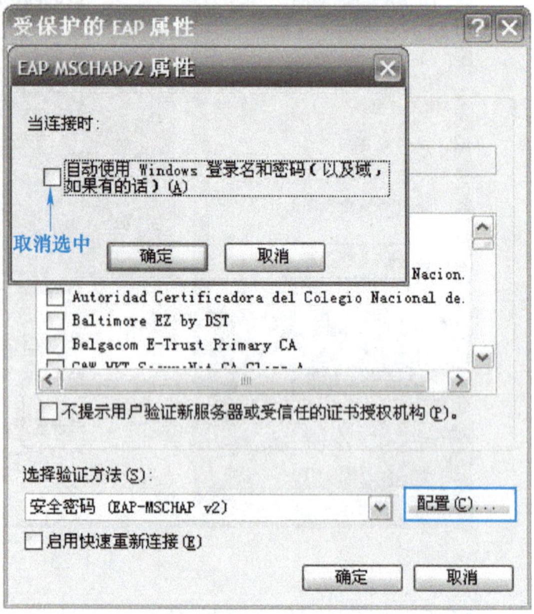　　　　　　　图 4-29 EAP MSCHAPv2 属性设置

配置完成后，Windows 会弹出图 4-30 所示的提示，要求提供证书或凭据。

单击该提示，出现图 4-31 所示的对话框，从中输入用户名和密码。

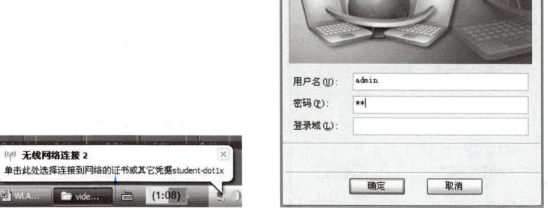

图 4-30 配置完成后弹出的提示　　　　图 4-31 输入用户名和密码

输入正确的用户名和密码后，即可正常访问网络，连接状态如图 4-32 所示。

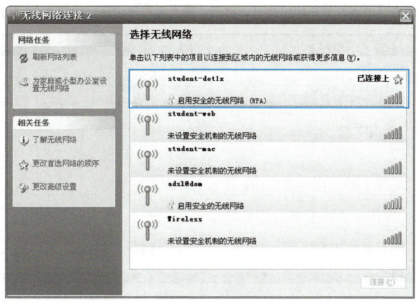

图 4-32 连接状态

5）查看用户的连接信息。

在 RingMaster 的 Monitor → Clients by MX 区域中单击图形，如图 4-33 所示。

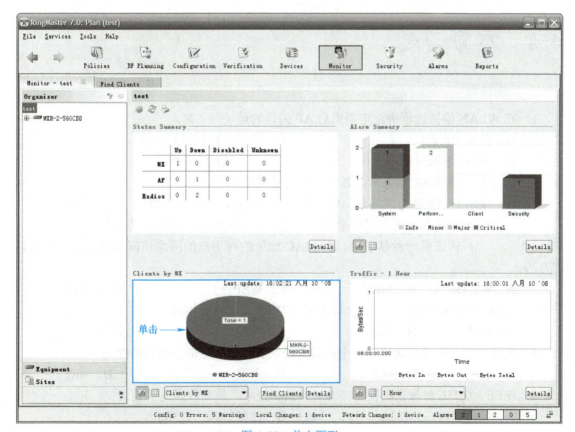

图 4-33 单击图形

在打开的界面中查看用户的用户名、密码、接入类型等信息,如图 4-34 所示。

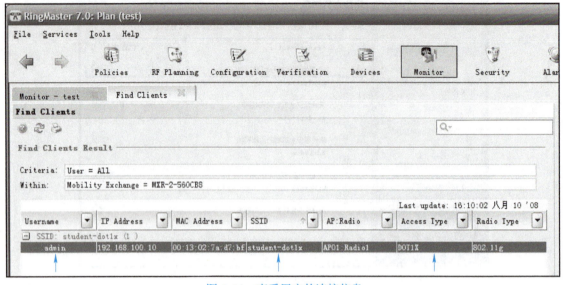

图 4-34　查看用户的连接信息

6)完成配置。

4.4　本章习题

一、选择题

1. 在 WLAN 维护过程中,定期重启 AP 的目的是(　　)。
　　A. 预防 AP 老化　　　　　　　　B. 防止用户长时间在线
　　C. 预防 AP 长时间不工作　　　　D. 预防 AP 间干扰
2. 远程登录管理 AC 设备时,较为安全的措施是(　　)。
　　A. 采用 HTTP 的方式登录 AC　　　B. 采用 Telnet 登录 AC
　　C. 采用 SSH 加密的方式登录 AC　 D. 采用 QQ 远程协助的方式登录 AC
3. (　　)认证是一种基于端口和 MAC 地址的对用户的网络访问权限进行控制的认证方法。
　　A. 802.1x　　　B. MAC　　　　C. WEP　　　　　　D. 802.11i
4. 在 802.11i 标准中,(　　)标准可对 WEP 安全性能增强。
　　A. EAP　　　　B. TKIP　　　　C. WPA　　　　　　D. 802.1x
5. 使用(　　)过程可确定一个人的身份或者证明特定信息的完整性。
　　A. 证书　　　　B. 认证　　　　C. 关联　　　　　　D. 加密
6. IEEE 802.11b 射频调制使用(　　)调制技术,最高数据速率达(　　)。
　　A. 跳频扩频,5Mbit/s　　　　　　B. 跳频扩频,11Mbit/s
　　C. 直接序列扩频,5Mbit/s　　　　D. 直接序列扩频,11Mbit/s

7. 无线局域网的最初协议是（　　）。
   A．IEEE 802.11　　　　　　　　B．IEEE 802.5
   C．IEEE 802.3　　　　　　　　　D．IEEE 802.1
8. 802.11 协议定义了无线的（　　）。
   A．物理层和数据链路层　　　　B．网络层和 MAC 层
   C．物理层和介质访问控制层　　D．网络层和数据链路层
9. 802.11b 和 802.11a 的工作频段、最高传输速率分别为（　　）。
   A．2.4GHz、11Mbit/s；2.4GHz、54Mbit/s
   B．5GHz、54Mbit/s；5GHz、11Mbit/s
   C．5GHz、54Mbit/s；2.4GHz、11Mbit/s
   D．2.4GHz、11Mbit/s；5GHz、54Mbit/s
10. 无线局域网技术相对于有线局域网的优势是（　　）。
    A．可移动性　　B．临时性　　　　C．降低成本　　　　D．传输速率快

二、判断题

1. WPA 比 WEP 的加密安全性高。　　　　　　　　　　　　　　　　（　　）
2. 破解 WEP 密码，抓取数据报的时间越长越好。　　　　　　　　　（　　）
3. AP 使用 POE 供电，会对 AC 设备造成安全威胁。　　　　　　　　（　　）
4. IEEE 一般的网络安全标准是 802.11i。　　　　　　　　　　　　　（　　）
5. PKI 在发送端使用动态密钥对消息进行加密。　　　　　　　　　　（　　）

三、简答题

1. 无线局域网存在哪些安全隐患？如何预防？
2. WLAN 安全协议包括哪些？有何区别？
3. WLAN 包括哪些认证技术？有何区别？
4. 简述 802.1x 的认证过程。

第 5 章 网络设备安全配置

5.1 路由器基本安全配置

5.1.1 保护路由器的网络服务

5.1.1 保护路由器的网络服务

1. 易受攻击的路由器服务和接口

构建 LAN 时，可以使用基本的第 2 层 LAN 交换机来连接设备，也可以使用路由器根据第 3 层 IP 地址路由不同网络之间的流量。路由器的安全性在安全部署中至关重要。如果攻击者能够侵入并访问路由器，那么整个网络都将面临威胁。路由器支持第 2、3、4 和 7 层上的大量网络服务。其中，部分服务属于应用层协议，用于允许用户和主机进程连接到路由器。其他服务则是用于支持传统或特定配置的自动进程和设置，这些服务具有潜在的安全风险。可以限制或禁用其中的某些服务以提升安全性，同时不会影响路由器的正常使用。路由器上应部署常规安全措施，以便仅为网络所需的流量和协议提供支持。

关闭路由器上的网络服务并不会阻止路由器支持采用该协议的网络。例如，网络可能需要 TFTP 服务来备份配置文件和 IOS 映像。该服务一般由专用的 TFTP 服务器提供。在某些情况下，也可以将路由器配置为 TFTP 服务器。但是，这并不常见。因此，在大多数情况下，应该禁用路由器上的 TFTP 服务。

在许多情况下，IOS 软件支持完全关闭某项服务，或限制对特定网段或主机组的访问。如果网络的特定部分需要某项服务，而其余部分不需要，则应该采用限制功能来限制该服务的范围。关闭自动网络功能后，路由器一般会停止处理某种类型的网络流量，或阻止该流量通过路由器。例如，IP 源路由是很少使用的 IP 功能，该功能可能被网络攻击所利用。若该功能不是网络运行所必需的，则应该禁用。

2. SNMP、NTP 和 DNS 漏洞

SNMP、NTP 和 DNS 是需要加以保护的三种管理服务，其存在的漏洞见表 5-1。

表 5-1 SNMP、NTP、DNS 漏洞

协议	漏洞
SNMP	在第 1 版和第 2 版中，以明文方式传递管理信息和社区字符串（密码）
NTP	NTP 将侦听端口保持为打开状态，容易受到攻击
DNS	可能被攻击者利用，将 IP 地址与域名对应起来

（1）SNMP　　SNMP 是用于自动远程监控和管理的标准 Internet 协议。SNMP 有几种不同的版本，分别具有不同的安全特性。SNMP 第 3 版以前的版本以明文形式传送信息。通常情况下，应该使用 SNMP 第 3 版。

（2）NTP　　路由器和其他主机使用 NTP 服务来保证其每日时钟准确无误。如果可能，网络管理员应该将所有路由器配置为 NTP 层次结构的一部分，由一台路由器主控计时器，网络中其他路由器的时间都由该路由器提供。如果网络中没有 NTP 层次结构，则应该禁用 NTP。在端口上禁用 NTP 不会阻止 NTP 消息通过路由器。要在特定端口上拒绝所有 NTP 消息，需要使用访问列表。

（3）DNS　　IOS 软件支持通过域名系统（DNS）查找主机名。DNS 提供名称（如 www.lnmec.net.cn）与 IP 地址（如 202.10.9.55）之间的映射。然而，基本的 DNS 协议不提供身份验证或完整性保证。默认情况下，域名查询发送到广播地址 255.255.255.255。如果网络中存在一台或多台域名服务器，而且希望在命令中使用域名，则需要使用全局配置命令 ip name-serveraddresses 明确设置域名服务器的地址。否则，应该使用命令 no ip domain-lookup 关闭 DNS 域名解析。另外，推荐用户使用命令 hostname 为路由器设置一个名称。为路由器设置的名称会出现在提示符处。

5.1.2　路由器在网络安全中的作用

网络的核心是路由器，简而言之，路由器的作用就是将各个网络彼此连接起来。因此，路由器需要负责不同网络之间的数据报传送。IP 数据报的目的地可以是国外的 Web 服务器，也可以是局域网中的电子邮件服务器。这些数据报都是由路由器来负责及时传送的。在很大程度上，网际通信的效率取决于路由器的性能，即取决于路由器是否能以最有效的方式转发数据报。

了解路由器在网络中所扮演的角色可以帮助人们了解路由器的漏洞所在。路由器可通告网络并过滤网络使用者，以及提供对网段和子网的访问的角色，如图 5-1 所示。

因为路由器是通往其他网络的网关，所以它们是明显的攻击目标，容易遭受各种各样的攻击，如图 5-2 所示。以下是各种安全问题的一些示例。

1）访问控制遭到破坏会暴露网络配置的详细信息，从而可以借此攻击其他网络组件。

2）路由表遭到破坏会降低网络性能、拒绝网络通信服务并暴露敏感数据。

3）错误配置的路由器流量过滤器会暴露内部网络组件，致使其被扫描以及被攻击，并使攻击者更容易避开检测。

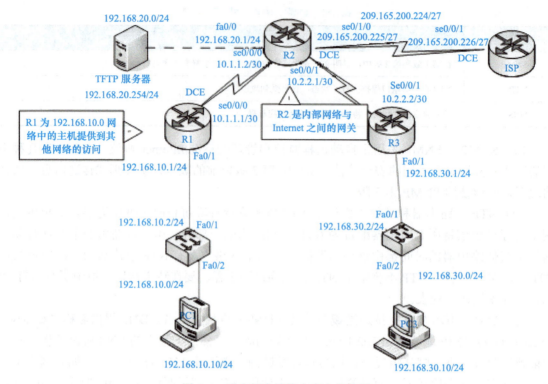

图 5-1 路由器在网络安全中的作用

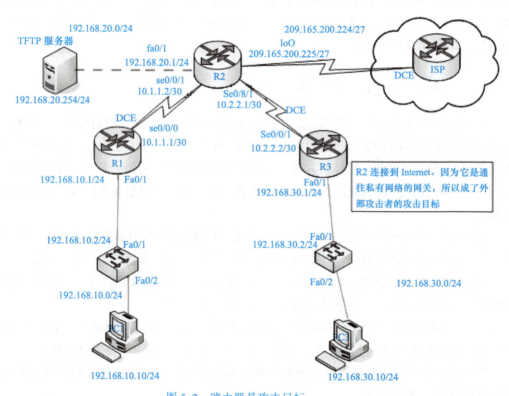

图 5-2 路由器是攻击目标

攻击者可以使用不同的方法破坏路由器，因此网络管理员无法仅靠单一方法对抗攻击者。破坏路由器的方法包括信任利用攻击、IP 欺骗、会话劫持和 MITM 攻击等。

5.1.3 路由器的安全保护

要确保网络安全，第一步就是为网络边界上的路由器提供安全保护。保护路由器安全需从以下几个方面着手。

1) 物理安全。
2) 随时更新路由器。
3) 备份路由器配置和 IOS。
4) 加固路由器，以避免未使用端口和服务遭到滥用。

为确保物理安全，需要将路由器放置在上锁的房间内，只允许授权人员进入该房间。此外，设备不能受到任何静电或电磁干扰，房间内的温度和湿度也需进行相应的控制。为减少由于电源故障而导致的 DoS，需安装不间断电源（UPS）并储备备用组件。

用于连接路由器的物理设备应该放置在上锁的设备间内，或者交由可信人员保管，以免设备遭到破坏。不加保护的设备容易被装上特洛伊木马或其他类型的可执行文件。应尽可能为路由器安装大容量的内存。大容量内存有助于抵御某些 DoS 攻击，而且可以支持尽可能多的安全服务，如图 5-3 所示。

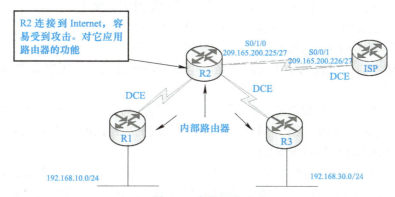

图 5-3 保护网络安全

最新版本的操作系统可能不是最稳定的版本。要使操作系统具有最佳安全性能，应使用能够满足用户网络需求的最新稳定版本。确保始终拥有当前的网络配置和现有 IOS 的备份副本，以便应对路由器发生故障的情况。在 TFTP 服务器上妥善保存路由器操作系统映像和路由器配置文件的副本，以做备份之用。

尽可能加强路由器的安全性。默认情况下，路由器上启用了许多服务。其中，有些服务没有必要启用，而且还可能被攻击者利用来收集信息或进行探查，应该禁用不必要的服务以加强路由器配置的安全性。

日志可用于检验路由器是否工作正常或路由器是否已遭到攻击。在某些情况下，日志能够显示出企图对路由器或受保护的网络进行探测或攻击的类型。在路由器上配置日志记录（Syslog）需要十分小心。路由器日志应发送到指定的日志主机。日志主机应该连接到可信的或受保护的网络，或者隔离的专用路由器接口。删除所有不必要的服务和账户以增强日志主机的安全性。路由器支持不同级别的日志记录。这些级别从 0～7，一共 8 个。其中，0 为紧急情况，表示系统不稳定；7 为调试消息，包含所有路由器信息。

　　日志可以转发到不同的位置，包括路由器内存或专用的 Syslog 服务器。建议使用 Syslog 服务器，因为这样可使所有设备将它们的日志转发到一个集中的站点，以方便管理员查看日志。Kiwi Syslog 守护进程即是一种 Syslog 服务器应用程序。还可以考虑将日志发送到辅助存储设备（如一次性写入介质或专用打印机），以备不时之需（如日志主机遭到攻击时）。

　　务必记得定期查看日志。通过定期检查日志，可以了解网络的正常工作情况。充分了解日常的工作情况及日志记录可以帮助人们识别异常或攻击情况。精确的时间戳对日志记录很重要。利用时间戳，可以更可靠地跟踪网络攻击。所有路由器都可以维护自己的每日时间，但这往往并不够。至少应该将路由器指向两台不同的可靠时间服务器，以确保时间信息的精确性和可用性。配置网络时间协议（NTP）服务器，以便为所有设备提供同步时间源，具体配置如下。

Router（config）#service timestamps

5.1.4　路由器基本的安全配置

　　确保基本路由器安全的方法是配置口令，强口令是控制安全访问路由器的最基本要素。因此，应该始终配置强口令，有关口令的最佳做法包括下列几项。

5.1.4　路由器基本的安全配置

　　1）请勿将口令记在明显的地方，如学习桌、显示器或笔记本上。

　　2）设置尽可能长的口令。最佳做法是设置至少 8 个字符的口令。可以使用路由器中的功能来强制规定最小口令长度。

　　3）避免使用字典中可查到的单词、姓名、电话号码和日期。使用字典中的单词容易使口令遭到字典攻击。

　　4）组合使用字母、数字和符号。包含至少一个小写字母、大写字母、数字和特殊字符。

　　5）故意将口令中的词拼错，例如，Flower 可以拼成 Flawer，还可以包括数字，如 316wEr。此外，Student 可以拼成 S2ud5nt。

　　6）尽可能经常更改口令。应该有一个策略，定义何时必须更改口令及更改口令的频率。经常更改口令有两项优点，既可以降低黑客破解口令的可能性，还可以避免口令被破解后信息暴露的风险。

　　7）创建强而复杂的口令的一种方法是使用密码短语。密码短语是指使用句子或短语作为口令，此方法安全性较高。密码短语应足够长，难以被猜中，但应易于记忆和准确输入。可根据容易记忆的句子、书籍引文或歌词来创建强口令或密码短语。下面为密码短语的示例。

　　"Hao hao xue xi,tian tian xiang shang.（好好学习，天天向上）"，密码为 Hhxxttxs。

　　或者

　　"He and I are in the same school.（他和我在同一所学校）"，密码为 HaIaitss。

　　默认情况下，当在路由器中输入口令时，会以明文形式保存口令。而这样并不安全，因为当查看路由器配置时，从身后经过的人可能看到口令。

　　当查看运行配置时，使用 enable password 命令或 username username password password 命令，即会显示出这些口令。

例如：

Router（config）# username Student password Hhxxttxs
Router# show run
username Student password 0 Hhxxttxs

运行配置中显示的 0 表示口令没有被隐藏，配置文件中的所有口令都应该加密。下面是两种保护口令的方法。

（1）7 类方案的简单加密　通过简单加密算法隐藏口令，7 类加密可以用于 enable password、username 和 line password 命令（包括 VTY、线路控制台和辅助端口）。此方法提供的保护较为有限，因为它仅使用简单加密算法隐藏口令。虽然不像 5 类加密那样安全，但总比不加密强。要为口令使用 7 类加密，需使用全局配置命令 service password-encryption，该命令使显示在屏幕上的口令难以理解。

例如：

Router（config）# service password-encryption
Router# show run
username Student password 7 03075218050061

运行配置中显示的 7 表示口令被隐藏，现在线路控制台口令已被隐藏。

（2）5 类方案的复杂加密　该方法使用更加安全的 MD5 哈希算法。尽可能使用 5 类加密代替 7 类加密，MD5 加密是强加密方法。要使用此加密方法，需将关键字 password 替换为 secret。本地数据库用户名也应使用 username username secret password 全局配置命令进行配置。例如：

Router（config）# username Student secret cisco
Router# do show run
username Student secret 5　1z245$lVSTJzuYgdQDJiacwP2Tv/

某些过程可能无法使用 5 类加密口令。例如，PAP 和 CHAP 要求使用明文口令，不能使用 MD5 加密口令。因此，为了对特权执行级别提供尽量高的保护，应该始终配置 enable secret 命令，要确保加密口令唯一，不与任何其他用户口令相同。路由器应该始终使用加密口令，而不是使能口令。因此，不应配置 enable password 命令，因为它可能会泄露系统口令。如果忘记了特权执行模式口令，那么必须执行口令恢复程序。

管理员还可以使用全局配置命令 security passwords min-length 为所有路由器口令规定最短字符长度，该命令通过指定最短口令长度消除了大多数网络中常见的口令（如"123"和"nihao"），从而增强了路由器访问的安全性。

例如：

Router（config）# security passwords min-length 10（密码至少 10 个字符）

此命令对执行该命令后创建的所有新用户口令、使能口令、加密口令、线路口令有效。它不会影响现有的路由器口令。

5.1.5　路由器密码恢复

为路由器配置一个自己也记不住的密码，以便进行密码恢复。

Router>enable

5.1.5　路由器密码恢复

```
Router#config terminal
Enter configuration commands, one per line.  End with CNTL/Z.
Router（config）#hostname R1
R1（config）#enable secret afe4658sjg54se89pok
R1（config）#exit
R1#copy running-config st
R1#copy running-config startup-config
Destination filename [startup-config]?
Building configuration...
[OK]
```

关闭路由器电源并重新开机，当控制台出现启动过程时，按 <Ctrl+Break> 组合键中断路由器的启动过程，进入 rommon 模式。

```
System Bootstrap, Version 12.3（8r）T8, RELEASE SOFTWARE（fc1）
Cisco 1841（revision 5.0）with 114688K/16384K bytes of memory.
Self decompressing the image :
######################
monitor: command "boot" aborted due to user interrupt
rommon 1 >confreg 0x2142
```
（默认配置寄存器的值为 0x2102，此时修改为 0x2142，这会使路由器开机时不读取 NVRAM 中的配置文件）
```
rommon 2 >reset      （重启路由器，进入 setup 模式）
Router>enable
Router#copy startup-config running-config    （把配置文件从 NVRAM 中复制到内存中，在此基础上修改密码）
Destination filename [running-config]?
495 bytes copied in 0.416 secs（1189 bytes/sec）
Router#config terminal
R1（config）#enable secret network    （修改为自己的密码，如果还配置了其他密码，也要一一修改）
R1（config）#config-register 0x2102    （将寄存器的值恢复正常）
R1（config）#exit
R1#copy running-config startup-config
Destination filename [startup-config]?
Building configuration...
[OK]
R1#reload    （重启路由器，校验密码）
```

5.1.6　SSH

网络管理员可以从本地或远程连接到路由器或交换机。管理员倾向于通过本地连接控制台端口来管理设备，因为此方法的安全性更高。随着企业规模的扩大和网络中路由器和交换机数量的增加，本地连接到所有设备的工作量将变得极大，管理员难以承受。

1．保护对路由器的管理访问

对于需要管理许多设备的管理员来说，远程管理访问比本地访问更加方便。但是，如果执行方式不够安全，那么攻击者可能会从中收集到宝贵的机密信息。例如，使用 Telnet 执

行远程管理访问就非常不安全，因为 Telnet 以明文方式发送所有网络流量。攻击者可以在管理员远程登录到路由器时捕获网络流量，并嗅探到管理员口令或路由器配置信息。因此，必须使用附加的安全防范措施来配置远程管理访问。

要保护到路由器和交换机的管理访问，首先需要保护管理线路（VTY、AUX），然后需要配置网络设备在 SSH 隧道中的加密流量。远程访问网络设备对于网络管理效率而言至关重要。远程访问通常指与路由器处于相同网络的计算机通过 Telnet、安全外壳（SSH）、HTTP、安全 HTTP（HTTPS）或 SNMP 连接到路由器。

如果需要远程访问，可以选择以下几种方式。

1）建立专用管理网络。管理网络应该仅包括经过标识的管理主机和到基础设备的连接。可以通过使用管理 VLAN 或连接到这些设备的附加物理网络来实现管理网络。

2）加密管理员计算机与路由器之间的所有流量。无论哪种情况，都可以将数据报过滤器配置为仅允许标识的管理主机和协议访问路由器。例如，仅允许管理主机 IP 地址发起到网络中路由器的 SSH 连接。

远程访问不仅适用于路由器的 VTY 线路，它也适用于 TTY 线路和辅助（AUX）端口。TTY 线路通过调制解调器提供到路由器的异步访问。尽管此方式目前已较为少见，但某些情况下仍在使用。保护这些端口比保护本地终端端口更加重要。保护系统的最佳方法是确保在所有线路（包括 VTY、TTY 和 AUX 线路）上应用适当的控制措施。管理员应该使用身份验证机制确保所有线路上的登录都在控制之下，即便是来自不受信任的网络、被认定无法进行访问的计算机也不例外。这对 VTY 线路以及连接到调制解调器或其他远程访问设备的线路尤其重要。

在路由器上配置 login 和 no password 命令可以完全禁止线路上的登录，如图 5-4 所示。这是 VTY 的默认配置，但 TTY 和 AUX 端口的默认设置并不是这样的。因此，如果不需要使用这些线路，那么务必在其上配置 login 和 no password 命令。

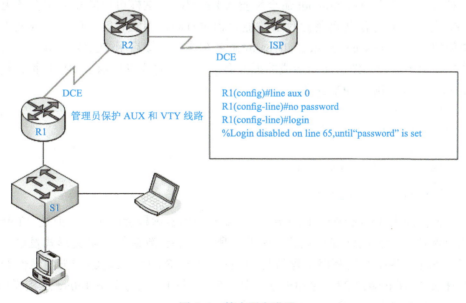

图 5-4　禁止用户登录

默认情况下，所有 VTY 线路都配置为可以接受任何类型的远程连接。出于安全原因，VTY 线路应该配置为仅接受实际所需协议的连接。这可通过 transport input 命令来实现。例如，如果希望 VTY 仅接受 Telnet 会话，则可以配置 transport input telnet 命令；如果希望 VTY 接受 Telnet 和 SSH 会话，则可以配置 transport input telnet ssh 命令。

例如，示例 1 显示了如何将 VTY 配置为仅接受 Telnet 和 SSH 连接，而示例 2 则显示了如何将 VTY 配置为仅接受 SSH 连接。如果路由器上的 IOS 映像支持 SSH，那么强烈建议仅启用该协议。

示例 1：支持传入 Telnet 和 SSH 会话。

R1（config）#line vty 0 4
R1（config-line）#no transport input
R1（config-line）#transport input telnet ssh
R1（config-line）#exit

示例 2：仅支持传入 SSH 会话。

R1（config）#line vty 0 4
R1（config-line）#no transport input
R1（config-line）#transport input ssh
R1（config-line）#exit

当所有的 VTY 线路都在使用时，将无法建立更多的远程连接。这为 DoS 攻击创造了机会。如果攻击者可以打开到系统上所有 VTY 的远程会话，就可能导致合法的管理员无法登录。其结果是，攻击者不必登录即可实现攻击，而会话可能只是停留在登录提示符状态。

降低此类风险的一种方法是将最后一条 VTY 线路配置为仅接受来自某特定管理工作站的连接，而其他 VTY 则可以接受来自企业网络中任意地址的连接。这样可以确保管理员始终可以使用最后一条 VTY 线路。为此，必须在最后一条 VTY 线路上配置 ACL，并使用 ip access-class 命令。

另一种方法是使用 exec-timeout 命令配置 VTY 超时。这样可以防止空闲会话无休止地消耗 VTY。尽管这种方法防御蓄意攻击的能力相对有限，但它有助于应对意外处于空闲的会话。类似的，使用 service tcp-keepalives-in 命令对传入连接启用 TCP keepalive，有助于抵御恶意攻击和由于远程系统崩溃而造成的孤儿会话。下面的代码显示了如何将执行超时设置为 3min，以及如何启用 TCP keepalive。

R1（config）#line vty 0 4
R1（config-line）#exec-timeout 3
R1（config-line）#exit
R1（config）#service tcp-keepalives-in

2．使用 SSH 进行远程管理访问

以前，人们使用 Telnet 通过 TCP 端口 23 配置路由器远程管理访问。但是，Telnet 被开发出来的时候还不存在网络安全威胁。因此，所有 Telnet 流量都以明文形式发送。后来，SSH 取代 Telnet 成为执行远程路由器管理的最佳做法。SSH 连接能够加强隐私性和会话完整性。SSH 使用 TCP 端口 22。除加密连接外，它提供的功能与出站 Telnet 连接类似。SSH 使用身份验证和加密在非安全网络中进行安全通信。

利用 SSH 终端线路访问功能，管理员能够为路由器配置安全访问并执行以下操作。

1）连接到一台通过多条终端线路与其他路由器、交换机和设备的控制台端口或串行端口相连的路由器。

2）通过安全连接到特定线路上的终端服务器，简化从任意位置到路由器的连接。

3）允许使用连接到路由器的调制解调器进行安全拨号。

4）要求使用本地定义的用户名和口令或者安全服务器（例如 TACACS+ 或 RADIUS 服务器）对每条线路进行身份验证。

默认情况下，当启用 SSH 时，路由器自动启用客户端与路由器之间的连接功能。作为客户端，路由器可以通过 SSH 连接到另一台路由器。作为服务器，路由器可以接受来自 SSH 客户端的连接，如图 5-5 所示。

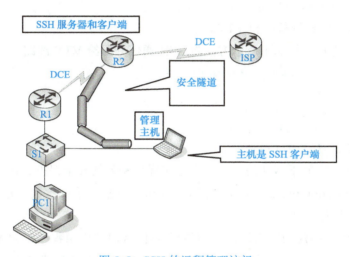

图 5-5　SSH 的远程管理访问

3．配置 SSH 的安全功能

要在路由器上启用 SSH，必须配置以下参数。

1）主机名。

2）域名。

3）非对称密钥。

4）本地身份验证。

可选配置参数如下。

1）超时时间。

2）重试次数。

以下是在路由器上配置 SSH 的步骤。

步骤 1：设置路由器参数。

在配置模式下使用 hostname hostname 命令配置路由器主机名。

步骤 2：设置域名。

必须设置域名才可启用 SSH。在本例中，在全局配置模式下输入 ip domain-name lnmec.

com 命令。

步骤 3：生成非对称密钥。

需要在配置模式下使用 crypto key generate rsa 命令创建密钥，以便路由器用来加密其 SSH 管理流量。路由器会发回一条消息，告知密钥的命名约定。密钥系数为 360 ～ 2048，表示一般用途的密钥。选择大于 512 的密钥系数可能会花费几分钟时间。建议密钥系数长度不要低于 1024。需要注意的是，较大的系数生成和使用都较耗时，但安全性更高。

R2（config）#crypto key generate rsa
Choose the size of the key modulus in the range of 360 to 2048 for your General Purpose Keys.
Choosing a key modulus greater than 512 may take a few minutes.
How many bits in the modulus [512]:1024
% Generating 1024 bit RSA keys,keys will be non-exportable…

步骤 4：配置本地身份验证和 VTY。

必须定义本地用户，按如下所示方法将 SSH 通信分配给 VTY 线路。

R2（config）#username student secret teacher
R2（config）#line vty 0 4
R2（config-line）#transport input ssh
R2（config-line）#login local

步骤 5：配置 SSH 超时（可选）。

超时能够终止长时间不活动的连接，为连接提供额外的安全保护。使用命令 ip ssh time-out seconds authentication-retries integer 启用超时和身份验证重试次数。这里将 SSH 超时设置为 15s，重试次数为两次。

要连接到配置了 SSH 的路由器，必须使用 SSH 客户端应用程序，如图 5-6 所示。例如 PuTTY 或 TeraTerm，必须确保选择 SSH 选项并且 SSH 使用 TCP 端口 22。使用 TeraTerm，通过 SSH 安全地连接到路由器，一旦发起连接，路由器将显示用户名提示符，然后显示密码提示符。如果提供了正确的凭证，TeraTerm 将显示路由器的用户执行模式提示符。

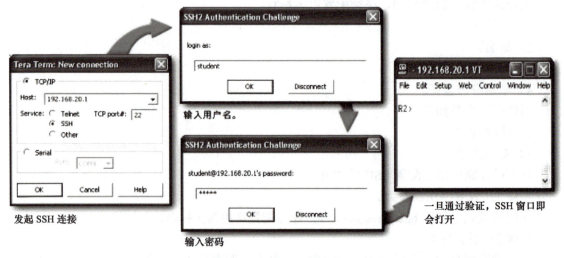

图 5-6　使用 SSH 登录设备

5.2 防火墙技术

5.2.1 防火墙的分类

  防火墙是指设置在不同网络（如可信任的企业内部网和不可信的公共网）或网络安全域之间的一系列部件的组合。它是不同网络或网络安全域之间信息的唯一出入口，通过监测、限制、更改跨越防火墙的数据流，尽可能地对外部屏蔽网络内部的信息、结构和运行状况，有选择地接受外部访问，对内部强化设备监管、控制对服务器与外部网络的访问，在被保护网络和外部网络之间架起一道屏障，以防止发生不可预测的、潜在的破坏性侵入。防火墙有两种，即硬件防火墙和软件防火墙，它们都能起到保护作用，并筛选出网络上的攻击者。这里主要介绍在企业网络安全实际运用中常见的硬件防火墙。

  防火墙通常使用的安全控制手段主要有包过滤、状态检测、代理服务。下面将介绍这些手段的工作机理及特点，并介绍一些防火墙的主流产品。

  包过滤技术是一种简单、有效的安全控制技术，它通过在网络间相互连接的设备上加载允许、禁止来自某些特定的源地址、目的地址、TCP 端口号等规则，对通过设备的数据报进行检查，限制数据报进出内部网络。包过滤的最大优点是对用户透明，传输性能高。但由于安全控制层次在网络层、传输层，安全控制的力度也只限于源地址、目的地址和端口号，因而只能进行较为初步的安全控制，对于恶意的拥塞攻击、内存覆盖攻击或病毒等高层次的攻击手段，则无能为力。

  状态检测是比包过滤更为有效的安全控制方法。对于新建的应用连接，状态检测检查预先设置的安全规则，允许符合规则的连接通过，并在内存中记录下该连接的相关信息，生成状态表。对于该连接的后续数据报，只要符合状态表，就可以通过。由于不需要对每个数据报进行规则检查，而是连接的后续数据报（通常是大量的数据报）通过散列算法直接进行状态检查，从而使得性能得到了较大提高。而且，由于状态表是动态的，因而可以有选择地、动态地开通 1024 号以上的端口，使得安全性得到进一步的提高。

1．包过滤防火墙

  包过滤防火墙一般在路由器上实现，用于过滤用户定义的内容，如 IP 地址。包过滤防火墙的工作原理即系统在网络层检查数据报，与应用层无关。这样系统就具有很好的传输性能，可扩展能力强。但是，包过滤防火墙的安全性有一定的缺陷，因为系统对应用层信息无感知，也就是说，防火墙不理解通信的内容，所以可能被黑客所攻破。

2．应用网关防火墙

  应用网关防火墙检查所有应用层的信息数据报，并将检查的内容信息放入决策过程，从而提高网络的安全性。然而，应用网关防火墙是通过打破客户机/服务器模式实现的。每个客户机/服务器通信都需要两个连接，一个是从客户端到防火墙，另一个是从防火墙到服务器。另外，每个代理需要一个应用进程或一个后台运行的服务程序。对每个新的应用必须添加针对此应用的服务程序，否则不能使用该服务。所以，应用网关防火墙具有可伸缩性差的缺点。

3. 状态检测防火墙

状态检测防火墙基本保持了简单包过滤防火墙的优点，性能比较好，同时对应用是透明的，对安全性有了大幅提升。这种防火墙摒弃了简单包过滤防火墙仅考察进出网络的数据报，而不关心数据报状态的缺点，在防火墙的核心部分建立状态连接表，维护了连接，将进出网络的数据当成一个个的事件来处理。可以这样说，状态检测防火墙规范了网络层和传输层行为，而应用网关防火墙则规范了特定的应用协议上的行为。

4. 复合型防火墙

复合型防火墙是指综合了状态检测与透明代理的新一代的防火墙，进一步基于 ASIC 架构，把防病毒、内容过滤整合到防火墙里，其中还包括 VPN、IDS 功能，将多单元融为一体，是一种新突破。复合型防火墙可以防止隐蔽在网络流量里的攻击，在网络界面对应用层扫描，把防病毒、内容过滤与防火墙结合起来，这体现了网络与信息安全的新思路。复合型防火墙在网络边界实施 OSI 第七层的内容扫描，实现了实时在网络边缘布署病毒防护、内容过滤等应用层服务措施。

下面对上述防火墙进行总结。

1）包过滤防火墙：包过滤防火墙不检查数据区，不建立连接状态表，前后报文无关，应用层控制很弱。

2）应用网关防火墙：不检查 IP、TCP 报头，不建立连接状态表，网络层保护比较弱。

3）状态检测防火墙：不检查数据区，建立连接状态表，前后报文相关，应用层控制很弱。

4）复合型防火墙：可以检查整个数据报内容，根据需要建立连接状态表，网络层保护功能较强，应用层控制功能划分较细，会话层控制功能较弱。

5.2.2 防火墙的三要素

第一要素：防火墙的基本功能。

防火墙系统可以说是网络的第一道防线，因此一个企业在决定使用防火墙保护内部网络的安全时，首先需要了解一个防火墙系统应具备的基本功能，这是用户选择防火墙产品的依据和前提。

防火墙的设计策略应遵循安全防范的基本原则，即"除非明确允许，否则就禁止"。防火墙本身支持安全策略，而不是添加上去的。如果组织机构的安全策略发生改变，则可以加入新的服务。有先进的认证手段或有挂钩程序，可以安装先进的认证方法。如果需要，可以运用过滤技术允许和禁止服务。可以使用 FTP 和 Telnet 等服务代理，以便先进的认证手段可以被安装和运行在防火墙上；拥有界面友好、易于编程的 IP 过滤语言，并可以根据数据报的性质进行过滤，数据报的性质有目标和源 IP 地址、协议类型、源和目的 TCP/UDP 端口、TCP 数据报的 ACK 位、出站和入站网络接口等。如果用户需要 NNTP（网络消息传输协议）、XWindow、HTTP 和 Gopher 等服务，那么防火墙应该包含相应的代理服务程序。防火墙也应具有集中邮件的功能，以减少 SMTP 服务器和外界服务器的直接连接，并可以集中处理整个站点的电子邮件。防火墙应允许公众对站点的访问，应把信息服务器和其他内部服务器分开。防火墙应该能够集中和过滤拨入访问，并可以记录网络流量和可疑的活动。

此外，为了使日志具有可读性，防火墙应具有精简日志的能力。防火墙的强度和正确性应该可以被验证，设计尽量简单，以便管理员理解和维护。防火墙和相应的操作系统应该用补丁程序进行升级且升级必须定期进行。当新的危险出现时，新的服务和升级工作可能会对防火墙的安装产生潜在的阻力，因此防火墙的可适应性是很重要的。

第二要素：企业的特殊要求。

企业安全政策中，往往有些特殊需求不是每一个防火墙都会提供的，这常会成为选择防火墙的考虑因素之一，常见的需求如下。

（1）网络地址转换功能（NAT） 进行地址转换有两个好处：一个是隐藏内部网络真正的 IP，这可以使黑客无法直接攻击内部网络；另一个是可以让内部使用保留的 IP，这对许多 IP 不足的企业是有益的。

（2）双重 DNS 当内部网络使用没有注册的 IP 地址或是防火墙进行 IP 转换时，DNS 也必须经过转换，因为同样的一台主机在内部使用的 IP 地址与访问外网使用的 IP 地址将会不同，有的防火墙会提供双重 DNS，有的则必须在不同主机上各安装一个 DNS。

（3）虚拟专用网络（VPN） 可以在防火墙与防火墙或移动的客户端之间对所有网络传输的内容加密，建立一个虚拟通道，可以安全且不受拘束地互相存取数据。

（4）扫毒功能 大部分防火墙都可以与防病毒软件搭配以实现扫毒功能，有的防火墙则可以直接集成扫毒功能，差别只是扫毒工作是由防火墙完成的，或是由另一台专用的计算机完成的。

（5）特殊控制需求 有时候，企业会有特别的控制需求，如限制特定使用者才能发送 E-mail，FTP 只能下载文件而不能上传文件，限制同时上网的人数，限制使用时间或阻塞 Java、ActiveX 控件等，依需求不同而定。

第三要素：与用户网络结合。

（1）管理的难易度 防火墙管理的难易度是防火墙能否达到要求的主要考虑因素之一。一般企业之所以很少以已有的网络设备直接当作防火墙，除了不能达到完全的控制之外，设定工作困难、需具备完整的知识以及不易出错等管理问题，是一般企业不愿意使用的主要原因。

（2）自身的安全性 大多数人在选择防火墙时都将注意力放在防火墙如何控制连接以及防火墙支持多少种服务上，往往会忽略一点，那就是防火墙也是网络上的主机之一，也可能存在安全问题。防火墙如果不能确保自身安全，则防火墙的控制功能再强，也不能完全保护内部网络。大部分防火墙都安装在一般的操作系统上。在防火墙主机上除了执行的防火墙软件外，所有的程序、系统核心，也大多来自于操作系统本身的原有程序。当防火墙主机上所执行的软件出现安全漏洞时，防火墙本身也将受到威胁。此时，任何的防火墙控制机制都可能失效，因为当一个黑客取得了防火墙上的控制权以后，黑客几乎可为所欲为地修改防火墙上的访问规则，进而侵入更多的系统。因此，防火墙自身应有相当高的安全性。

（3）完善的售后服务 人们认为，用户在选购防火墙产品时，除了从以上的功能特点考虑之外，还应该注意，好的防火墙应该是企业整体网络的保护者，并能弥补其他操作系统的不足，使操作系统的安全性不会对企业网络的整体安全造成影响。防火墙应该能够支持多种平台，因为使用者才是完全的控制者，而使用者的平台往往是多种多样的，它们应选择一套符合现有环境需求的防火墙产品。随着新产品的出现，有人就会研究新的破解方法，所以好的防火墙产品应拥有完善及时的售后服务体系。

（4）完整的安全检查　好的防火墙还应该向使用者提供完整的安全检查功能，但是一个安全的网络仍必须依靠使用者的观察及改进，因为防火墙并不能有效地杜绝所有的恶意封包，企业想要达到真正的安全，仍然需要内部人员不断记录、改进、追踪。防火墙可以限制唯有合法的使用者才能进行连接，但是否存在利用合法掩护非法的情形，仍需依靠管理者来发现。

（5）结合用户情况　在选购一个防火墙时，用户应该从自身考虑以下的因素：网络受威胁的程度；若入侵者闯入网络，那么将要受到的潜在的损失；其他已经用来保护网络及其资源的安全措施；由于硬件或软件失效，或防火墙遭到"拒绝服务攻击"，而导致用户不能访问 Internet，造成整个机构的损失；机构所希望提供给 Internet 的服务、从 Internet 得到的服务，以及可以同时通过防火墙的用户数量；网络是否有经验丰富的管理员；今后可能的要求，如要求增加通过防火墙的网络活动或要求新的 Internet 服务。

5.2.3　防火墙的常见术语

1．网关

网关是在两个设备之间提供转发服务的系统。这个术语是非常常见的。

2．DMZ（非军事化区）

为了配置管理方便，内部网中需要向外提供服务的服务器往往放在一个单独的网段，这个网段便是 DMZ（非军事化区）。防火墙一般配备三块网卡，在配置时一般分别连接内部网、Internet 和 DMZ。

3．吞吐量

网络中的数据是由一个个数据报组成，防火墙对每个数据报的处理都要耗费资源。吞吐量是指在不丢数据报的情况下单位时间内通过防火墙的数据报数量。这是测量防火墙性能的重要指标。

4．最大连接数

和吞吐量一样，最大连接数越大越好。防火墙对每个连接的处理也要耗费资源，因此最大连接数成为考验防火墙这方面能力的指标。

5．数据报转发率

数据报转发率指在所有安全规则配置正确的情况下，防火墙对数据流量的处理速度。

6．SSL

SSL（Secure Sockets Layer）是由 Netscape 公司开发的一套 Internet 数据安全协议，当前版本为 3.0。它已被广泛地用于 Web 浏览器与服务器之间的身份认证和加密数据传输。SSL 协议位于 TCP/IP 与各种应用层协议之间，为数据通信提供安全支持。

7．网络地址转换

网络地址转换（NAT）是一种将一个 IP 地址域映射到另一个 IP 地址域的技术，从而为终端主机提供透明路由。NAT 包括静态网络地址转换、动态网络地址转换、网络地址及端口转换、动态网络地址及端口转换、端口映射等。NAT 常用于私有地址域与公用地址域的转换以解决 IP 地址匮乏问题。在防火墙上实现 NAT 后，可以隐藏受保护网络的内部拓扑结构，在一定程度上提高网络的安全性。如果反向 NAT 提供动态网络地址及端口转换功能，那么还可以实现负载均衡等功能。

8．堡垒主机

堡垒主机指一种被强化的可以防御进攻的计算机，被暴露于 Internet 之上，作为进入内部网络的一个检查点，以达到把整个网络的安全问题集中在某个主机上解决的目的，从而省时省力。

5.2.4 防火墙配置案例

1．案例描述

假如你是某公司新聘请的一位网络管理员，公司要求你熟悉现有的网络产品，有一个防火墙需要你了解并掌握它的操作技巧，能够通过图形界面进行一些基本的配置。公司覆盖范围较大，包括很多分公司，这些分公司之间需要进行通信，并且都要通过防火墙进行安全访问，要求你对防火墙进行适当的配置。

2．案例拓扑

设备与配线：路由器两台（RSR-2018 或 RSR-2004）、防火墙一台（RSR-2018 或 RSR-2004）、兼容 VT-100 的终端设备或能运行终端仿真程序的计算机（两台）、RS-232 电缆（一根）、RJ-45 接头的网线。

首先用一台 PC 作为控制终端，通过防火墙的串口登录防火墙，设置 IP 地址、网关和子网掩码；然后通过 Web 界面进行防火墙策略的添加，同时配置好两个路由接口地址；最后测试联通性。拓扑结构如图 5-7 所示。

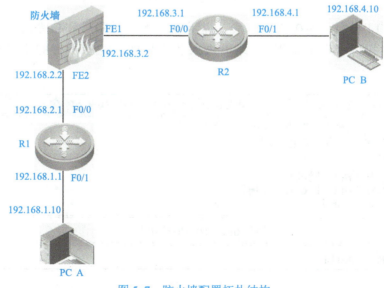

图 5-7　防火墙配置拓扑结构

3. 案例实施

（1）通过 CONSOLE 口对防火墙进行命令行的管理

基本步骤：连接串口线→配置超级终端→开始配置管理。

1）选用管理主机：要求该主机具备空闲的 RS-232 串口，有超级终端软件，如 Windows 系统中的"超级终端"连接程序。

2）连接防火墙：利用随机附带的串口线连接管理主机的串口和防火墙串口 CONSOLE，这里以 Windows 自带的"超级终端"为例，选择"开始"→"所有程序"→"附件"→"通信"→"超级终端"选项，选择用于连接的串口设备，设置通信参数。对于 Windows 自带的"超级终端"，单击"还原为默认值"按钮即可，如图 5-8 所示。

图 5-8　超级终端设置

3）登录 CLI 界面：连接成功以后，提示输入管理员账号和口令时，输入出厂默认账号"admin"和口令"firewall"，即可进入登录界面，注意所有的字母都是小写，如图 5-9 所示。

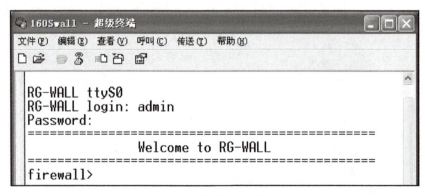

图 5-9　登录 CLI 界面

命令行快速配置向导：

● 用串口或者SSH客户端成功登录防火墙后，输入命令"fastsetup"，按<Enter>键，进入命令行配置向导。

配置向导仅适用于管理员第一次配置防火墙或者测试防火墙的基本通信功能。此过程涉及最基本的配置，安全性很低，因此管理员应在此基础上对防火墙进行细化配置，才能保证防火墙拥有正常有效的网络安全功能。

● 输入原密码。

● 输入新密码，并确认密码，如图5-10所示。

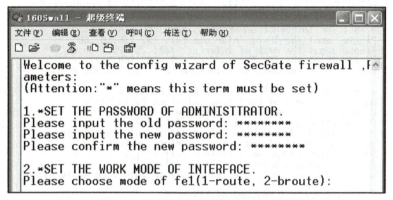

图5-10　配置密码

● 选择防火墙FE1接口的工作模式，输入1为路由模式，输入2为混合模式。选择防火墙fe2接口的工作模式，在这里选择1，即路由模式，方法同fe1。此时，fe1和fe2的工作模式必须一致。

● 输入FE1接口的IP地址和掩码，如图5-11所示。若fe1、fe2都是混合模式，则fe1的地址必须配置，fe2的地址可以不配置。

```
Welcome to the config wizard of SecGate firewall ,Please input the following par
ameters:
(Attention:"*" means this term must be set)

1.*SET THE PASSWORD OF ADMINISTTRATOR.
Please input the old password: ********
Please input the new password: ********
Please confirm the new password: ********

2.*SET THE WORK MODE OF INTERFACE.
Please choose mode of fe1(1-route, 2-broute): 1
Please choose mode of ge1(1-route, 2-broute): 1

3.*SET THE INTERFACE ADDRESS(ip, mask) OF FIREWALL.
Please input the IP of interface fe1: 192.168.10.100
Please input the mask of interface fe1: 255.255.255.0
Please input the IP of interface ge1: 192.168.3.2
Please input the mask of interface ge1: 255.255.255.0

4.*SET THE ATTRIBUTE OF FIREWALL INTERFACE.
Do you allow all of host ping interface fe1(y/n):
```

图5-11　配置接口地址

输入fe2接口的IP地址和掩码，方法同fe1。此时，允许fe1和fe2的IP在同一网段。

- 是否允许所有主机 ping fe1 接口，输入"y"为允许，输入"n"为不允许。
- 是否允许通过 fe1 接口管理防火墙，输入"y"为允许，输入"n"为不允许。
- 是否允许管理主机 ping fe1 接口，输入"y"为允许，输入"n"为不允许。
- 是否允许管理员用 traceroute 探测 fe1 口的 IP 地址，输入"y"为允许，输入"n"为不允许。
- 设置默认网关 IP，如图 5-12 所示。若防火墙的两个网口都是混合模式，那么可以不配置默认网关。

```
Please choose mode of fe1(1-route, 2-broute): 1
Please choose mode of ge1(1-route, 2-broute): 1

3.*SET THE INTERFACE ADDRESS(ip, mask) OF FIREWALL.
Please input the IP of interface fe1: 192.168.10.100
Please input the mask of interface fe1: 255.255.255.0
Please input the IP of interface ge1: 192.168.3.2
Please input the mask of interface ge1: 255.255.255.0

4.*SET THE ATTRIBUTE OF FIREWALL INTERFACE.
Do you allow all of host ping interface fe1(y/n): y
Do you allow to manage interface fe1(y/n): y
Do you allow admin ping interface fe1(y/n): y
Do you allow admin to use traceroute in interface fe1(y/n): y
Do you allow all of host ping interface ge1(y/n): y
Do you allow to manage interface ge1(y/n): y
Do you allow admin ping interface ge1(y/n): y
Do you allow admin to use traceroute in interface ge1(y/n): y

5.SET THE DEFAULT GATEWAY OF FIREWALL.
Please input the default gateway: 192.168.3.1

6.*SET THE ADMINISTER HOST.
Please input the IP of adminster host:
```

图 5-12　配置网关 IP

- 设置管理主机 IP，并设置安全规则的源 IP 和目的 IP，默认为 any，如图 5-13 所示。

```
Please input the mask of interface ge1: 255.255.255.0

4.*SET THE ATTRIBUTE OF FIREWALL INTERFACE.
Do you allow all of host ping interface fe1(y/n): y
Do you allow to manage interface fe1(y/n): y
Do you allow admin ping interface fe1(y/n): y
Do you allow admin to use traceroute in interface fe1(y/n): y
Do you allow all of host ping interface ge1(y/n): y
Do you allow to manage interface ge1(y/n): y
Do you allow admin ping interface ge1(y/n): y
Do you allow admin to use traceroute in interface ge1(y/n): y

5.SET THE DEFAULT GATEWAY OF FIREWALL.
Please input the default gateway: 192.168.3.1

6.*SET THE ADMINISTER HOST.
Please input the IP of adminster host: 192.168.10.200

7.ADD POLICY OF FIREWALL.
Please input source IP:
Please Input Destimination IP:

8.*ENABLE SSH MANAGEMENT METHOD.
Start SSH or not(y/n): _
```

图 5-13　配置管理主机及安全规则的 IP

- 是否允许用 SSH 客户端登录防火墙，输入"y"为允许，输入"n"为不允许。注意，此时输入"y"或者"n"后会显示所的设置信息。

- 是否保存并且退出,输入"y"可使以上配置立即生效,输入"n"可直接退出。如果需要保存配置,需要执行"syscfg save"命令,如图 5-14 所示。

```
THE FOLLOWING IS THE CONFIGURE WHICH YOU INPUT:

Mode of fe1 is route
Mode of ge1 is route

IP of fe1 is 192.168.10.100/255.255.255.0
Ping: on          Admin: on          Admin Ping: on   Traceroute: on

IP of ge1 is 192.168.3.2/255.255.255.0
Ping: on          Admin: on          Admin Ping: on   Traceroute: on

Default gateway is 192.168.3.1

Admin host IP is 192.168.10.200

Policy is from any to any

SSH: on


Execute & Exit.(y/n):
```

图 5-14　保存配置信息

(2) 通过 Web 界面进行管理

1) 插入随机附带的驱动光盘,进入光盘 Admin Cert 目录,双击运行 admin 程序,单击"下一步"按钮,如图 5-15 所示。

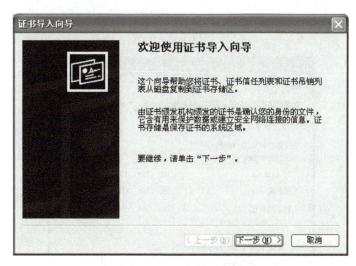

图 5-15　证书导入向导

为私钥输入密码(123456),单击"下一步"按钮,如图 5-16 所示。

在弹出的界面中单击"完成"按钮,完成证书导入,如图 5-17 所示。此时出现一个提示框,显示"导入成功",单击"确定"按钮即可。

2) 修改主机的 IP 地址并测试是否联通,如图 5-18 所示。

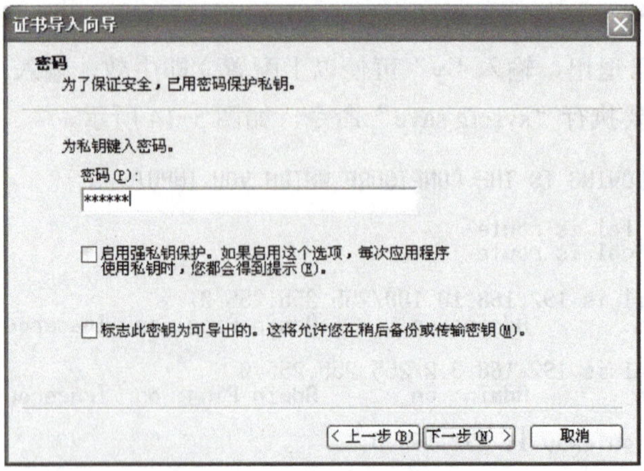

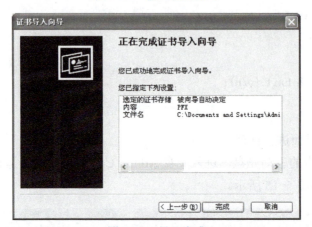

图 5-16　输入私钥密码

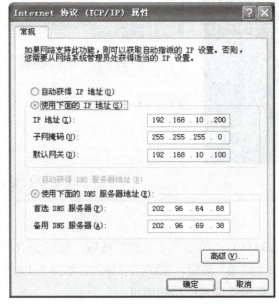

图 5-17　导入完成

图 5-18　配置管理主机 IP 并测试

3）登录防火墙 Web 界面。

运行 IE 浏览器，在地址栏中输入 https://192.168.10.100:6666，等待约 20s 会弹出一个对话框，单击"确定"按钮即可，如图 5-19 所示。

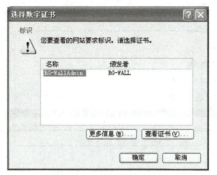

图 5-19　选择数字证书

4）在防火墙登录界面，系统提示输入管理员账号和口令，在默认情况下，管理员账号为"admin"，密码为"firewall"，如图 5-20 所示。

图 5-20　输入账号和口令

5）配置防火墙的 IP 地址，建议至少设置一个接口上的 IP 用于管理，否则完成初始配置后无法用 Web 界面管理防火墙，如图 5-21 所示。若 ge1、ge2 都是混合模式，则 ge1 的地址必须配置，ge2 的地址可以不配。

图 5-21　防火墙接口 IP 配置界面

在图 5-21 中单击"添加"按钮，将弹出图 5-22 所示的界面。设置 ge1 的 IP 地址为 192.168.3.2，方法同 fe1。

图 5-22　配置 ge1 接口 IP 地址

6）设置透明桥。
- 在做透明桥之前务必把接口设置为混合模式，如图 5-23 所示。

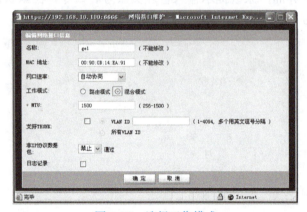

图 5-23　选择工作模式

- 打开透明桥选项卡，单击"添加"按钮，将弹出图 5-24 所示的界面。单击"确定"按钮，完成透明桥的创建。

图 5-24　添加透明桥

7）添加策略路由。在"网络配置 >> 策略路由"界面中，单击"添加"按钮，将弹出图

5-25 所示的界面。在其中添加一条路由，目的地址为 192.168.4.0、掩码为 255.255.255.0、下一跳地址为 192.168.3.1。

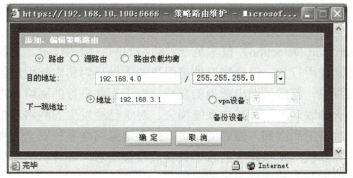

图 5-25　添加路由

8）设置包过滤：在图 5-26 所示的"安全策略 >> 安全规则"界面中，单击"添加"按钮。

图 5-26　"安全策略 >> 安全规则"界面

此时进入"安全规则维护"对话框，设置如图 5-27 所示。设置完成后一定要保存配置文件，防火墙的配置才能生效。

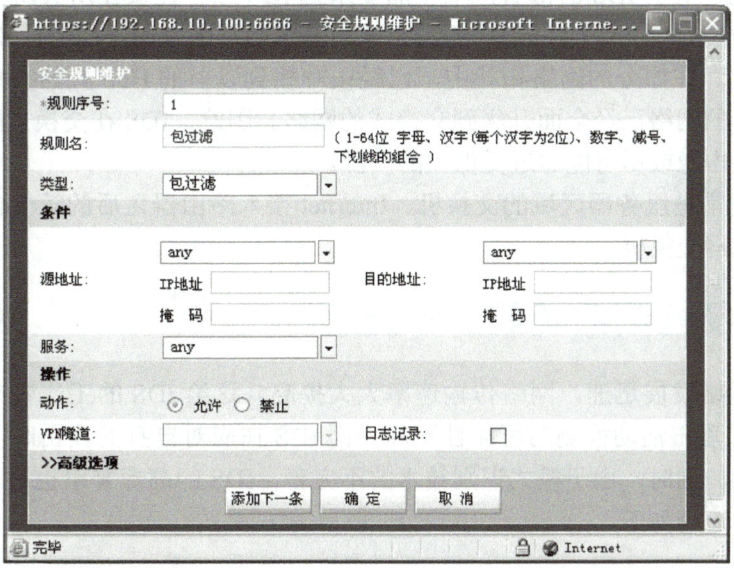

图 5-27　规则设置

此案例为透明模式防火墙的应用。

5.3 入侵检测系统

5.3.1 入侵检测技术

入侵检测（Intrusion Detection）技术是一种动态的网络检测技术，主要用于识别对计算机和网络资源的恶意使用行为，包括来自外部用户的入侵行为和内部用户的未经授权活动。一旦发现网络入侵现象，就应当做出适当的反应。对于正在进行的网络攻击，则采取适当的方法来阻断（与防火墙联动），以减少系统损失。对于已经发生的网络攻击，则应通过分析日志记录找到发生攻击的原因和入侵者的踪迹，作为增强网络系统安全性和追究入侵者法律责任的依据。它从计算机网络系统中的若干关键点收集信息，并分析这些信息，查看网络中是否有违反安全策略的行为和遭到袭击的迹象。

入侵检测系统（Intrusion Detection Systems，IDS）可依照一定的安全策略，对网络、系统的运行状况进行监视，尽可能发现各种攻击企图、攻击行为或者攻击结果，以保证网络系统资源的机密性、完整性和可用性。假如防火墙是一幢大楼的门锁，那么 IDS 就是这幢大楼里的监视系统。一旦小偷爬窗进入大楼，或内部人员有越界行为，实时监视系统就能发现情况并发出警告。

在本质上，入侵检测系统是一个典型的"窥探设备"。它不跨接多个物理网段（通常只有一个监听端口），无须转发任何流量，只需要在网络上被动的、无声息地收集它所关心的报文即可。对收集来的报文，入侵检测系统提取相应的流量来统计特征值，并利用内置的入侵知识库，对这些流量特征进行智能分析、比较。根据预设的阈值，匹配耦合度较高的报文流量将被认为是进攻，入侵检测系统将根据相应的配置进行报警或进行有限度的反击。

不同于防火墙，IDS 是一个监听设备，没有跨接在任何链路上，无须网络流量流经它便可以工作。因此，对于 IDS 的部署，唯一的要求是 IDS 应当挂接在所有所关注流量都必须流经的链路上。在这里，"所关注流量"指的是来自高危网络区域的访问流量和需要进行统计、监视的网络报文。在如今的网络拓扑中，已经很难找到以前的 Hub 式的共享介质冲突域的网络，绝大部分的网络已经全面升级到交换式的网络。因此，IDS 在交换式网络中的位置一般尽可能靠近攻击源或尽可能靠近受保护的资源。

这些位置通常是服务器区域的交换机、Internet 接入路由器之后的第一台交换机和重点保护网段的局域网交换机。

5.3.2 入侵检测系统的工作流程

由于当代网络发展迅速，网络传输速率大大提高，这给 IDS 的工作带来了很大负担，也意味着 IDS 对攻击活动检测的可靠性不高。而 IDS 在应对自身的攻击时，对其他传输的检测也会被抑制。同时，由于模式识别技术的不完善，IDS 的高虚警率也是一大问题。入侵检测系统的工作流程如下。

1. 信息收集

入侵检测的第一步是信息收集，内容包括系统、网络、数据及用户活动的状态和行为。

另外，需要在计算机网络系统中的若干不同关键点（不同网段和不同主机）收集信息，这样做的一个重要原因就是从一个源来的信息有可能看不出疑点，但从几个源来的信息的不一致性却是可疑行为或入侵的最好标识。

当然，入侵检测很大程度上依赖于收集信息的可靠性和正确性，因此，很有必要利用所知道的真正的和精确的软件来报告这些信息。因为黑客经常替换软件以搞混和移走这些信息，如替换被程序调用的子程序、库和其他工具。黑客对系统的修改可能使系统功能失常但看起来又与正常时一样。例如，UNIX 系统的 PS 指令可以被替换为一个不显示侵入过程的指令，或者是编辑器被替换成一个读取不同于指定文件的文件（黑客隐藏了初试文件并用另一版本代替）。这需要确保用来检测网络系统的软件的完整性，特别是入侵检测系统软件本身应具有相当强的坚固性，防止被篡改而收集到错误的信息。

入侵检测利用的信息一般来自以下四个方面。

（1）系统和网络日志文件　黑客经常在系统日志文件中留下他们的踪迹，因此，充分利用系统和网络日志文件信息是检测入侵的必要条件。日志包含发生在系统和网络上的不寻常和不期望活动的证据，这些证据可以指出有人正在入侵或已成功入侵了系统。查看日志文件，能够发现成功的入侵或入侵企图，并很快地启动相应的应急响应程序。日志文件中记录了各种行为类型，每种类型又包含不同的内容，例如，记录"用户活动"类型的日志，包含登录、用户 ID 改变、用户对文件的访问、授权和认证信息等内容。很显然，对用户活动来讲，不正常的或不期望的行为就是重复登录失败、登录到不期望的位置以及非授权企图访问重要文件等。

（2）目录和文件中不期望的改变　网络环境中的文件系统包含很多软件和数据文件，包含重要信息的文件和私有数据文件经常是黑客修改或破坏的目标。目录和文件中不期望的改变（包括修改、创建和删除），特别是那些正常情况下限制访问的，很可能就是一种入侵产生的指示和信号。黑客经常替换、修改和破坏他们获得访问权的系统上的文件，同时为了隐藏他们在系统中的表现及活动痕迹，会尽力去替换系统程序或修改系统日志文件。

（3）程序执行中的不期望行为　网络系统中的程序一般包括操作系统、网络服务、用户启动的程序和特定目的的应用。系统上程序的执行由一到多个进程来实现。进程在具有不同权限的环境中执行，这种环境控制着进程可访问的系统资源、程序和数据文件等。一个进程的执行行为由它运行时执行的操作来表现，操作执行的方式不同，利用的系统资源也就不同。操作包括计算、文件传输，以及与网络间其他进程的通信等。

一个进程出现了不期望的行为可能表明黑客正在入侵系统。黑客可能会将程序或服务的运行分解，从而导致系统无法正常运行，或者黑客以非用户或管理员的方式操控进程。因此，一个进程出现了不期望的行为可能表明黑客正在入侵系统。

（4）物理形式的入侵信息　这包括两个方面的内容：一是未授权地对网络硬件连接；二是对物理资源的未授权访问。黑客会想方设法去突破网络的周边防卫，如果他们能够在物理上访问内部网，就能安装他们自己的设备和软件。依此，黑客就可以知道网络中的不安全（未授权）设备，然后利用这些设备访问网络。例如，用户在家里可能安装 Modem 以访问远程办公室，与此同时，黑客正在利用自动工具来识别公共电话线上的 Modem，如果一拨号，访问流量就经过网络安全的后门，那么黑客就会利用这个后门来访问内部网络，从而越过了内部网络原有的防护措施，然后捕获网络流量，进而攻击其他系统，并偷取敏感的私有信息等。

2．信号分析

对收集到的信息，一般通过三种技术手段进行分析，包括模式匹配、统计分析和完整性分析。其中，前两种方法用于实时的入侵检测，而完整性分析则用于事后分析。

（1）模式匹配　模式匹配就是将收集到的信息与已知的网络入侵和系统误用模式数据库进行比较，从而发现违背安全策略的行为。该过程可以很简单，也可以很复杂。一般来讲，一种进攻模式可以用一个过程（如执行一条指令）或一个输出（如获得权限）来表示。该方法的一大优点是只需收集相关的数据集合即可，可显著减小系统负担，并且技术已相当成熟。它与病毒防火墙采用的方法一样，检测准确率和效率都相当高。但是，该方法存在的弱点是需要不断地升级以对付不断出现的黑客攻击手法，不能检测到从未出现过的黑客攻击手段。

（2）统计分析　统计分析方法首先给信息对象（如用户、连接、文件、目录和设备等）创建一个统计描述，统计正常使用时的一些测量属性（如访问次数、操作失败次数和延时等）。测量属性的平均值将被用来与网络、系统的行为进行比较，如果有任何观察值在正常偏差之外，就认为有入侵发生。统计分析可能标识一个不正常行为，例如，一个在晚八点至早六点不登录的账户却在凌晨两点试图登录。其优点是可检测到未知的入侵和更为复杂的入侵，缺点是误报率、漏报率高，且不适应用户正常行为的突然改变。具体的统计分析方法，如基于专家系统的、基于模型推理的和基于神经网络的分析方法，目前是研究热点且正处于迅速发展之中。

（3）完整性分析　完整性分析主要关注某个文件或对象是否被更改，包括文件和目录的内容及属性。它在发现被更改的、被特洛伊化的应用程序方面特别有效。完整性分析利用强有力的加密机制，能识别极其微小的变化。其优点是不管模式匹配方法和统计分析方法能否发现入侵，只要是成功的攻击导致了文件或其他对象的任何改变，就能够被发现。缺点是一般以批处理方式实现，不用于实时响应。这种方式主要应用于基于主机的入侵检测系统（HIDS）。

3．实时记录、报警或有限度反击

IDS 根本的任务是对入侵行为做出适当的反应，这些反应包括详细日志记录、实时报警和有限度地反击攻击源。对一个成功的入侵检测系统来讲，它不但可以使系统管理员时刻了解网络系统（包括程序、文件和硬件设备等）的任何变化，还能给网络安全策略的制定提供指南。更为重要的一点是，它的管理、配置简单，从而使非专业人员非常容易地获得网络安全。入侵检测的规模还应根据网络威胁、系统构造和安全需求的改变而改变。入侵检测系统在发现攻击后，会及时做出响应，包括切断网络连接、记录事件和报警等。

5.3.3　入侵检测配置案例

1．案例描述

最近小张听了一个网络安全的讲座，了解了当前网络安全的重要性，得知网络时时刻刻都存在着被攻击（网络黑客、蠕虫病毒等的攻击）的风险。他作为某公司的网络管理人员，想知道公司的网络运行情况,包括公司网络有没有被攻击,如果被攻击是什么样的攻击,攻击来自哪里。于是他从网络公司借了一台 IDS 设备,对公司的网络进行了测试,并最终形成报表。

2. 网络拓扑

首先将 IDS 设备连接到交换机上(所连接端口要设置为镜像端口),拓扑结构如图 5-28 所示;然后对 IDS 进行配置,以及进行服务器安装、数据库安装和相关软件的安装,设置相关策略;最后形成报表文件(最好能对正在运行的真实网络进行测试)。

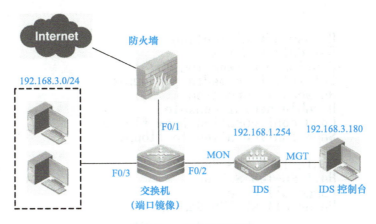

图 5-28 IDS 拓扑结构

3. 案例实施

(1)部署与配置 RG-IDS

在部署完网络各设备之后要对交换机进行端口镜像设置,配置端口镜像的源端口和目的端口。IDS 安装组件的步骤示意图如图 5-29 所示。安装过程比较复杂,一定要注意安装过程。

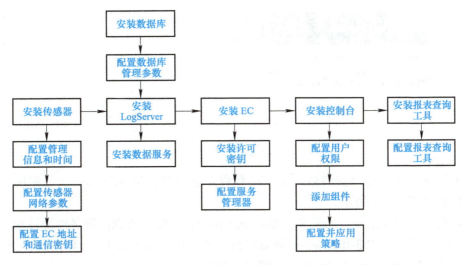

图 5-29 IDS 安装组件步骤示意图

1）安装 RG-IDS Sensor。

选择 Network Configuration，打开的 IDS 管理菜单如图 5-30 所示。传感器的标准出厂设置：传感器的 IP 地址为 192.168.0.254，子网掩码为 255.255.255.0，默认传感器密钥为 demo，IDS 服务器的 IP 地址为 192.168.0.253，百兆传感器的名称为 sensor，如图 5-31 所示。

```
RG-IDS Sensor 100                          Management Menu
-------------------------------------------------------------

        Return to status monitor

        Access administration
        Set date and time
        Configure networking
        Set interface media and duplex
        Network information
        Disable serial console
        Load configuration from floppy
        Save configuration to floppy

        Restart RG-IDS Sensor
        Halt RG-IDS Sensor
        Purge all data
        Uninstall RG-IDS Sensor
```

图 5-30 IDS 管理菜单

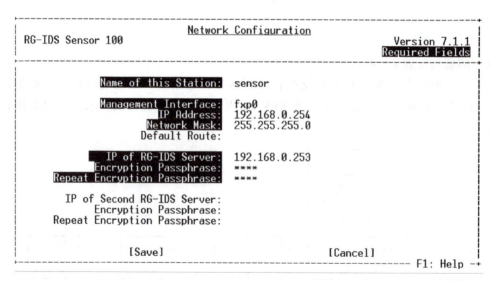

图 5-31 传感器的标准出厂设置

2）安装数据库，这里安装微软 MSDE 组件，也可以安装 SQL Server 数据库，两者安装方法相同，如图 5-32 所示。

3）安装完数据库之后，安装 RG-IDS LogServer。在配置数据库服务时要注意，服务器地址要与 1）中设置的 RG-IDS Server 地址保持一致（192.168.0.253），如图 5-33 所示。

4）安装 RG-IDS Event Collector，如图 5-34 所示。

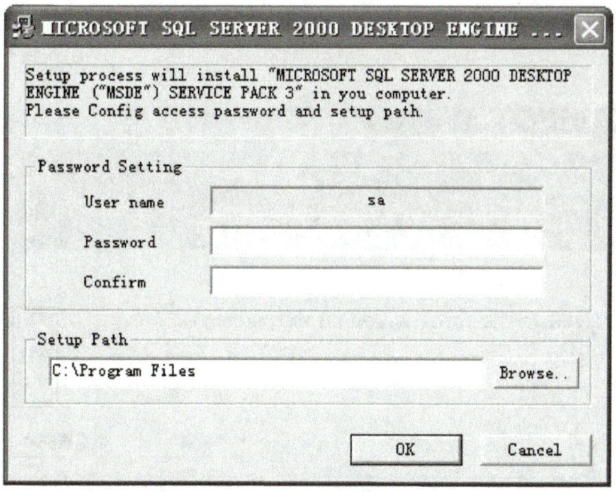

图 5-32　安装数据库

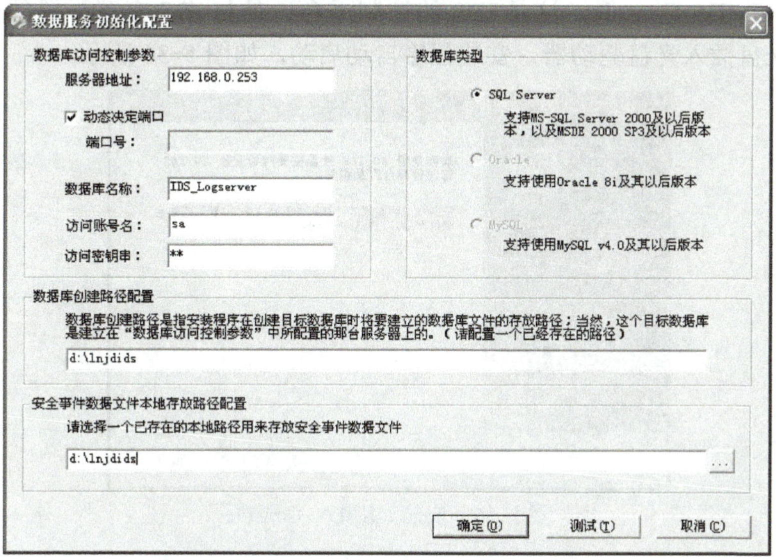

图 5-33　安装 RG-IDS LogServer

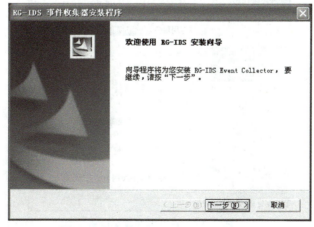

图 5-34　安装 RG-IDS Event Collector

当事件收集器和控制台安装完成后,必须安装许可密钥,否则控制台无法启动,如图 5-35 所示。

图 5-35　安装许可密钥

5)安装 RG-IDS Console,这是 IDS 的控制平台,是与 IDS 交互配置的主要场所,将 RG-IDS 产品光盘插入光盘驱动器,安装程序自动启动,如图 5-36 所示。

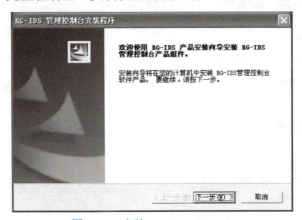

图 5-36　安装 RG-IDS Console

在 RG-IDS 应用服务管理器中启用事件收集服务,如图 5-37 所示。

图 5-37　启用事件收集服务

6）安装 RG-IDS Report，这里可生成报告。将 RG-IDS 产品光盘插入光盘驱动器，安装程序自动启动，如图 5-38 所示。

控制台登录界面如图 5-39 所示（地址与之前设置的 RG-IDS Server 地址一致，即 192.168.0.253）。系统默认安装用户为 Admin 和 Audit，分别具有用户管理和审计管理权限。另外，Admin 不能修改 Audit 的密码。

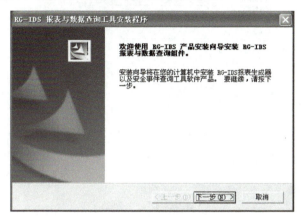
图 5-38　安装 RG-IDS Report

图 5-39　控制台的登录界面

对用户信息进行管理及审计（默认的用户权限不够，第一次一定要重新添加新用户，并设置其管理权限），控制台的系统界面如图 5-40 所示。

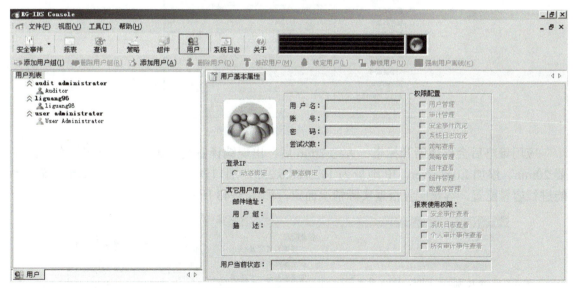
图 5-40　控制台的系统界面

配置管理控制台，第一次登录系统后需要配置系统平台。首先登录系统，进入组件管理窗口。在组件结构图中添加组件（第一次配置时需要添加传感器组件），然后选中组件，在属性窗口中配置组件属性，包括配置传感器、LogServer 的属性。用户可以通过查看组件的显示图标判断组件的状态（联通或断开），添加传感器如图 5-41 所示。

传感器属性配置对话框（IP 地址和密钥都是 1）中设置的，要保持一致）如图 5-42 所示。

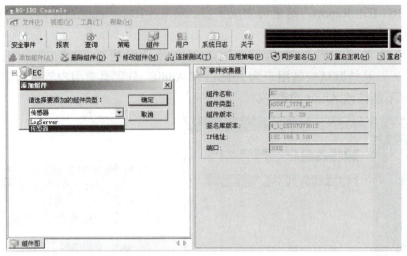

图 5-41　添加传感器

图 5-42　传感器属性配置

应用策略后会出现断开标志；大约 2min 后，出现编译签名标志；整个同步签名大约需要 20min。添加 LogServer，IP 地址为 192.168.0.253，端口默认，添加完成后重新配置，才能进行容量配置，容量配置根据实际情况而定，如图 5-43 所示。

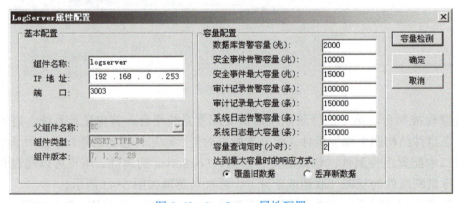

图 5-43　LogServer 属性配置

（2）RG-IDS 策略管理

1）策略编辑界面浏览。单击主界面中的"策略"按钮，切换到策略编辑器界面，策略编辑器窗口分为四个区域，如图 5-44 所示。通过策略编辑器窗口，人们可以新建、派生、修改、删除、查看、导入和导出策略。

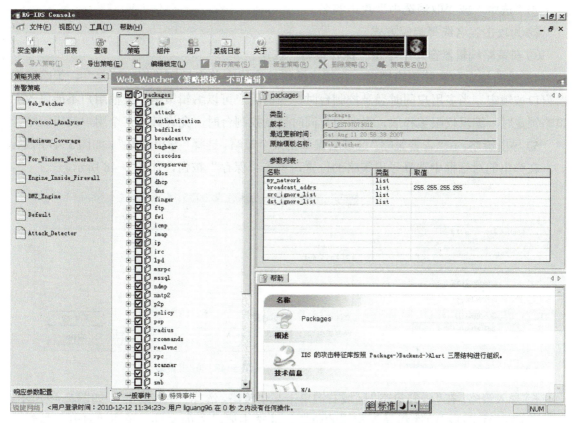

图 5-44 策略编辑器窗口

在"告警策略"区域列出了当前可用的策略，其中包括系统预定义策略和用户自定义策略。系统预定义策略不能更改，用户可以根据自身的网络情况选择某个系统预定义策略，派生出自定义策略并且进行调整。图标代表预定义策略，不能进行编辑，只能单独应用到传感器，可以派生出自定义策略。图标代表自定义策略，能进行编辑和操作。

2）派生新策略。在"告警策略"区域选中一个系统预定义策略 Attack-Detector，右键单击该策略，在出现的菜单中选择"派生策略"，如图 5-45 所示。

在弹出的对话框中输入策略新的名称，单击"确定"按钮，如图 5-46 所示。新策略即显示在"告警策略"区域中。

3）策略编辑。在策略中可以选择用户所关注的事件签名进行检测，不能编辑系统预定义策略。可以由系统预定义策略派生出一个新策略，然后对新策略进行调整。编辑策略的步骤如下。

图 5-45 选择"派生策略"

① 单击一个自定义策略。

② 在策略编辑器窗口中单击"编辑锁定"按钮，以确保其他人不能同时更改策略。

③ 在攻击签名窗口展开攻击签名。

④ "选中"或"取消选中"攻击签名。

⑤ 为攻击签名选择响应方式。

⑥ 在策略编辑器窗口中单击"保存策略"按钮。

4）策略锁定和解除策略锁定。在策略编辑器窗口中单击按钮"编辑锁定"，策略编辑器窗口被锁定。当多用户同时登录控制台时，当前用户可以编辑策略，其他用户不能修改。策略锁定时，编辑权限被释放，当多用户同时登录控制台时，允许其他某个用户编辑策略。

5）导出策略。在"告警策略"区域右键单击某个策略，选择"导出策略"，如图 5-47 所示。

在弹出的对话框中选择导出策略的位置，单击"保存"按钮，如图 5-48 所示。

图 5-47　选择"导出策略"

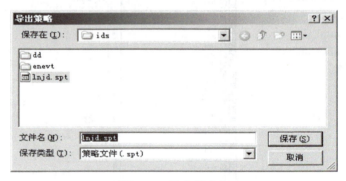

图 5-48　导出策略

6）导入策略。在"告警策略"区域右键单击某个策略，选择"导入策略"，如图 5-49 所示。

在弹出的对话框中选择导入策略的位置，并选中要导入的文件，单击"打开"按钮，如图 5-50 所示。

图 5-49　选择"导入策略"

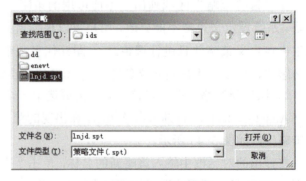

图 5-50　导入策略

7）策略应用。在策略编辑窗口中单击"组件"按钮，在 LNJD 上单击鼠标右键，选择"应用策略"命令，如图 5-51 所示。

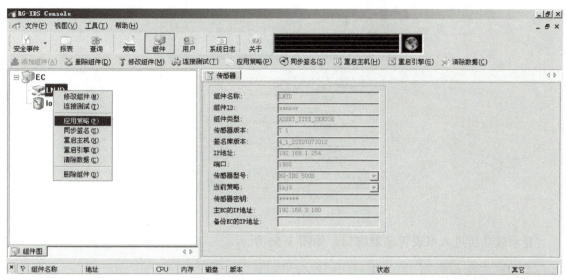

图 5-51 选择"应用策略"命令

在弹出的"应用策略"对话框中选择需要应用的策略,单击"应用"按钮,如图 5-52 所示。

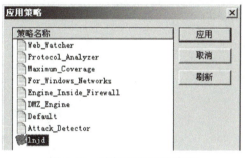

图 5-52 选择要应用的策略

控制台界面弹出"命令处理进度"对话框,应用完毕后引擎会自动重启,发送策略文件如图 5-53 所示。

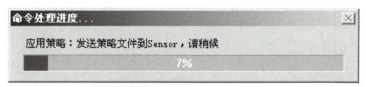

图 5-53 发送策略文件

如果自定义策略不能编辑,需要检查策略编辑是否已经锁定,如果是需进行解锁。

(3) RG-IDS 报表管理

1) 登录报表管理器。在策略编辑器窗口中单击"报表"按钮,进入报表管理器登录对话框。输入相应的账号、密码(前提是该账号拥有报表管理权限),以及事件收集器和数据服务器的 IP 地址,如图 5-54 所示。

图 5-54 报表管理器登录对话框

登录成功后进入报表管理器窗口,如图 5-55 所示。

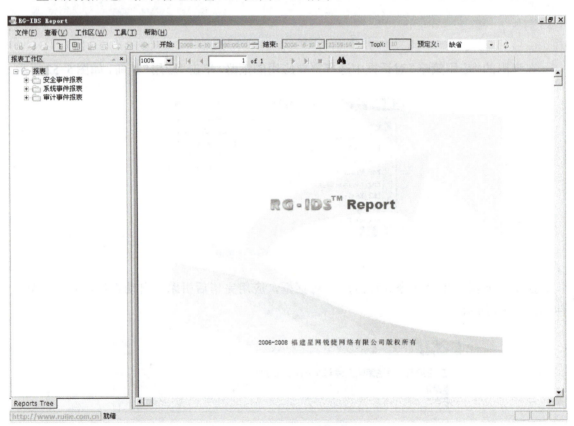

图 5-55 报表管理器窗口

2)报表查看。在报表管理器窗口中的"报表工作区"中选择"报表"→"安全事件报表"→"告警类别统计"→"周告警类别统计"选项,报表显示区内显示"告警类别—周统计信息"的柱状图和饼状图,如图 5-56 所示。

3)导出报表。选择报表管理器窗口中的"文件"→"导出报表"命令,在弹出的对话框中选择保存路径,输入保存名称,选择保存格式(可以保存为四种格式:".rpt"".txt" "html"".rtf"),如图 5-57 所示。

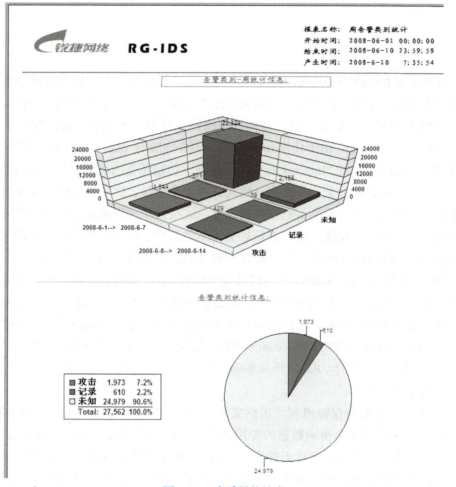

图 5-56　查看周统计表

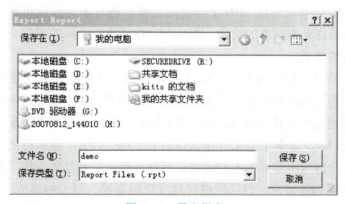

图 5-57　导出报表

如果登录报表管理器提示超时,那么有可能是个人防火墙的配置造成的,需要正确配置个人防火墙。

5.4 VPN

5.4.1 VPN 的特点

VPN（Virtual Private Network，虚拟专用网）是指将分布在不同地点的网络通过公用网连接成逻辑上的虚拟子网，这里的公用网主要指 Internet。为了保障信息在 Internet 上传输的安全性，VPN 技术采用了认证、存取控制、机密性、数据完整性等措施，保证了信息在传输中不被偷看、篡改、复制。由于使用 Internet 进行传输相对于租用专线来说，费用较为低廉，所以 VPN 的出现使企业通过 Internet 既安全又经济地传输私有的机密信息成为可能。

随着商务活动的日益频繁，各企业开始允许其生意伙伴、供应商访问本企业的局域网，从而简化信息交流的途径，提高信息交换的速度。这些合作和联系是动态的，并依靠网络来维持和加强。于是各企业发现，这样的信息交流不但带来了网络的复杂性，还带来了管理和安全性的问题，因为 Internet 是一个全球性和开放性的、基于 TCP/IP 技术的、不可管理的国际互联网络，因此，基于 Internet 的商务活动就面临非善意的信息威胁和安全隐患。还有一类用户，随着自身的发展壮大与跨国化，企业的分支机构不仅越来越多，而且相互间的网络基础设施也互不兼容，因此，用户的信息技术部门在连接分支机构方面也日益感到棘手。

Access VPN、Intranet VPN 和 Extranet VPN 为用户提供了三种 VPN 组网方式，然而在实际应用中，用户所需要的 VPN 应当具备哪些特点呢？一般而言，一个高效、成功的 VPN 应具备以下几个主要特点。

（1）具备完善的安全保障机制 虽然实现 IP VPN 的技术和方式很多，但所有的 VPN 均应确保通过公用网络平台传输数据的专用性和安全性。在非面向连接的公用 IP 网络上建立一个逻辑的、点对点的连接，称为建立一个隧道，可以利用加密技术对经过隧道传输的数据进行加密，以保证数据仅被指定的发送者和接收者了解，从而保证了数据的私有性和安全性。在安全性方面，VPN 直接构建在公用网上，实现简单、方便、灵活，但同时其安全问题也更为突出。企业必须确保其 VPN 上传送的数据不被攻击者窥视和篡改，并且还要防止非法用户对网络资源或私有信息的访问。Extranet VPN 将企业网扩展到合作伙伴和客户，对安全性提出了更高的要求。

（2）具备用户可接受的服务质量（QoS）保证 IP VPN 应当为企业数据提供不同等级的服务质量保证，不同的用户和业务对服务质量保证的要求差别较大。例如，对于移动办公用户，提供广泛的连接和覆盖性是 Access VPN 保证服务的一个主要因素；而对于拥有众多分支机构的 Intranet VPN 或基于多家合作伙伴的 Extranet VPN，能够提供良好的网络稳定性是满足交互式的企业网应用首要考虑的问题。另外，对于其他具体应用（如视频等），则进一步对网络提出了明确的要求，包括网络时延及误码率等。以上网络应用均要求 VPN 网络根据需要提供不同等级的服务质量。在网络优化方面，构建 VPN 的另一个重要需求是充分、有效地利用有限的广域网资源，为重要数据提供可靠的带宽。广域网流量的不确定性使其带宽的利用率较低，在流量高峰时引起网络拥塞，产生网络瓶颈，难于满足实时性要求高的业务服务质量的要求，而在流量低谷时又造成大量的网络带宽空闲。QoS 通过流量预测与流量控制策略，可以按照优先级分配带宽资源，实现带宽优化管理，使得各类数据能够被合理地先后发送，并预防拥塞的发生。

（3）具备良好的可扩充性与灵活性　IP VPN 必须能够支持通过 Intranet 和 Extranet 的任何类型的数据流，方便增加新的结点，支持多种类型的传输媒介，可以满足同时传输语音、图像和数据等新应用对高质量传输以及带宽增加的需求。

（4）具备完善的可管理性　在 IP VPN 管理方面，要求企业将其网络管理功能从局域网无缝地延伸到公用网，甚至是客户和合作伙伴。尽管可以将一些次要的网络管理任务交给服务提供商去完成，但企业自己仍需要完成许多网络管理任务，所以，一个完善的 VPN 管理系统是必不可少的。VPN 管理的目标是减小网络风险，具有高扩展性、经济性、高可靠性等优点。事实上，VPN 管理主要包括安全管理、设备管理、配置管理、访问控制列表管理、QoS 管理等内容。

5.4.2　VPN 安全技术

目前，VPN 主要采用四项技术来保证数据的安全，这四项技术分别是隧道技术、加解密技术、密钥管理技术、使用者与设备身份认证技术。

1．隧道技术

隧道技术是 VPN 的基本技术，类似于点对点连接技术，它在公用网建立一条数据通道（隧道），让数据报通过这条隧道传输。隧道是由隧道协议形成的，分为第二、三层隧道协议。

第二层隧道协议先把各种网络协议封装到 PPP 中，再把整个数据报装入隧道协议中。使用这种双层封装方法形成的数据报靠第二层隧道协议进行传输。第二层隧道协议有 L2F、PPTP、L2TP 等。L2TP 是目前 IETF 的标准，由 IETF 融合 PPTP 与 L2F 而形成。

第三层隧道协议把各种网络协议直接装入隧道协议中，形成的数据报依靠第三层协议进行传输。第三层隧道协议有 VTP、IPSec 等。IPSec（IP Security）由一组 RFC 文档组成，定义了一个系统来提供安全协议选择、安全算法、确定服务所使用的密钥等服务，从而在 IP 层提供安全保障。

2．加解密技术

加解密技术是数据通信中一项较成熟的技术，VPN 可直接利用现有技术。

3．密钥管理技术

密钥管理技术的主要任务是如何在公用数据网上安全地传递密钥而不被窃取。现行密钥管理技术包含 SKIP 与 ISAKMP/OAKLEY 两种。SKIP 主要是利用 Diffie-Hellman 的演算法则，在网络上传输密钥；在 ISAKMP/OAKLEY 中，双方都有两把密钥，分别用于公用、私用。

4．使用者与设备身份认证技术

使用者与设备身份认证技术常用的是使用者名称与密码或卡片式认证等方式。

5.4.3 基于 IPSec 的 VPN 技术

IPSec 即 Internet 安全协议，是 IETF 提供 Internet 安全通信的一系列规范，它提供私有信息通过公用网的安全保障。IPSec 适用于 IPv4 和 IPv6。IPSec 规范相当复杂，规范中包含大量的文档。由于 IPSec 在 TCP/IP 的核心层——IP 层实现，因此可以有效地保护各种上层协议，并为各种安全服务提供一个统一的平台。IPSec 也是被下一代 Internet 所采用的网络安全协议。IPSec 协议是现在 VPN 开发中使用非常广泛的一种协议，它有可能在将来成为 IP VPN 的标准。

IPSec 的基本目的是把密码学的安全机制引入 IP，通过使用现代密码学方法支持保密和认证服务，使用户能有选择地使用，并得到所期望的安全服务。IPSec 是随着 IPv6 的制定而产生的，鉴于 IPv4 的应用仍然很广泛，所以后来在 IPSec 的制定中也增加了对 IPv4 的支持。IPSec 在 IPv6 中是必须支持的。

IPSec 将几种安全技术结合，形成一个完整的安全体系，它包括安全协议部分和密钥协商部分。

1. 安全关联和安全策略

安全关联（Security Association，SA）是构成 IPSec 的基础，是两个通信实体经协商建立起来的一种协定，它们决定了用来保护数据报安全的安全协议（AH 协议或者 ESP 协议）、转码方式、密钥及密钥的有效存在时间等。

2. IPSec 协议的运行模式

IPSec 协议的运行模式有两种：IPSec 隧道模式及 IPSec 传输模式。隧道模式的特点是数据报的最终目的地不是安全终点。通常情况下，只要 IPSec 双方中有一方是安全网关或路由器，就必须使用隧道模式。传输模式下，IPSec 主要对上层协议即 IP 数据报的载荷进行封装保护，通常情况下，传输模式只用于两台主机之间的安全通信。

3. AH（Authentication Header，认证报头）协议

设计 AH 协议的目的是增加 IP 数据报的安全性。AH 协议提供无连接的完整性、数据源认证和抗重传保护服务，但是 AH 不提供任何保密性服务。IPSec 认证报头 AH 是一种用于提供 IP 数据报完整性、数据源认证和可选的抗重传攻击的机制，但是不提供数据机密性保护。认证报头的认证算法有两种，一种是基于对称加密算法（如 DES），另一种是基于单向哈希算法（如 MD5 或 SHA-1）。认证报头的工作方式有传输模式和隧道模式。传输模式只对上层协议数据（传输层数据）和 IP 数据报头中的固定字段提供认证保护，把 AH 插在 IP 报头的后面，主要适合于主机实现。隧道模式把需要保护的 IP 数据报封装在新的 IP 数据报中，作为新报文的载荷，然后把 AH 插在新的 IP 报头的后面。隧道模式对整个 IP 数据报提供认证保护。

4. ESP（Encapsulate Security Payload，封装安全载荷）协议

ESP 用于提高 Internet 协议的安全性。它可为 IP 提供机密性、数据源认证、抗重放以及数据完整性等安全服务。ESP 属于 IPSec 的机密性服务。其中，数据机密性是 ESP 的基本功能，而数据源认证、数据完整性检验以及抗重传保护都是可选的。ESP 主要支持 IP 数据报的机

密性,它将需要保护的用户数据进行加密后再重新封装到新的 IP 数据报中。

5. Internet 密钥交换（IKE）协议

Internet 密钥交换（IKE）协议是 IPSec 默认的安全密钥协商方法。IKE 通过一系列报文交换为两个实体（如网络终端或网关）进行安全通信派生会话密钥。IKE 建立在 Internet 安全关联和密钥管理协议（ISAKMP）定义的一个框架之上。IKE 是 IPSec 目前正式确定的密钥交换协议，IKE 为 IPSec 的 AH 协议和 ESP 协议提供密钥交换管理和 SA 管理，同时也为 ISAKMP 提供密钥管理和安全管理。IKE 具有两种密钥管理协议（即 OAKLEY 和 SKEME 密钥管理协议）的一部分功能，并综合了 OAKLEY 和 SKEME 的密钥交换方案，形成了自己独一无二的受鉴别保护的加密信息生成技术。

虽然 IPSec 协议目前的应用比较广泛，性能比较稳定，但是 IPSec 协议是一个比较新的安全协议，而且非常复杂。作为一个还没有完全成熟的协议，IPSec 在理论上和实践上都有一些问题待改进。其不足之处主要是由其复杂性和灵活性引起的，IPSec 包括了太多的选项，提供了过多可以变通的地方。相信随着 IP 技术的发展，IPSec 协议会日益完善。

5.4.4 VPN 配置案例

1. 案例描述

你所就职公司的技术总监张总正在外地出差，但需要访问公司内部的服务器资源，而这些服务器资源因安全性考虑并不直接在公网上开放，因此张总必须先和公司建立 VPN 隧道，再获得访问内部资源的权利。作为网管的你，应该如何对网路设备进行调试呢？

- 需求：解决出差员工和公司之间通过 Internet 进行信息安全传输的问题。
- 分析：IPSec VPN 技术通过隧道技术、加解密技术、密钥管理技术和认证技术有效地保证了数据在 Internet 中传输的安全性，是目前最安全、使用最广泛的 VPN 技术。因此可通过建立 IPSec VPN 的加密隧道，实现出差员工和公司之间的信息安全传输。

2. 案例要求与网络拓扑

为完成此项工作任务，所需的网络设备清单见表 5-2。

表 5-2 所需的网络设备清单

设备	型号	数量	备注
锐捷 VPN 设备	RG-WALL V50	1 台	
锐捷 VPN 远程接入系统	RG-SRA	1 套	软件程序
锐捷路由器设备		1 台	
Windows 系统的 PC	推荐 Windows XP 系统	1 台	
Windows 系统的服务器		1 台	建议开设 FTP 服务或者 Web 服务
直连线		2 根	
交叉线		1 根	

用一台 PC 作为控制终端，通过 VPN 的串口登录 VPN，设置 IP 地址、网关和子网掩码；给 VPN 配置一个与控制台终端在同一个网段的 IP 地址，通过 Web 界面进行管理及配置 VPN，拓扑结构如图 5-58 所示。

图 5-58 IPSec VPN 配置拓扑结构

根据搭建的拓扑结构，分别配置 PC、服务器、VPN 设备、路由器的 IP 地址及必要的路由。IP 地址的规划与分配见表 5-3。

表 5-3 IP 地址的规划与分配

设备类型	IP 地址
VPN 设备的 eht1 口	192.168.10.100
VPN 设备的 eth0 口	10.1.2.2
PC 的 IP 地址	10.1.5.10
PC 的网关	10.1.5.1
服务器 1 的 IP 地址	192.168.10.243
服务器 2 的 IP 地址	192.168.10.242
服务器的网关	192.168.10.100
Route 设备的 F0/0	10.1.2.1
Route 设备的 F0/1	10.1.5.1

3．案例实施

（1）VPN 的登录方式（通过 Console 口登录 VPN）

1）建立本地配置环境，只需将微机（或终端）的串口通过配置电缆与以太网交换机的 Console 口连接。

2）在微机上运行终端仿真程序（如 Windows 3.X 的 Terminal 或 Windows 9X 的超级终端等），设置终端通信参数：波特率为 115200bit/s、8 位数据位、1 位停止位、无奇偶校验和无数据流控制，如图 5-59 所示。

3）给 VPN 上电，自检结束后提示用户输入用户名和密码，用户名为 sadm、密码为 sadm，如图 5-60 所示。

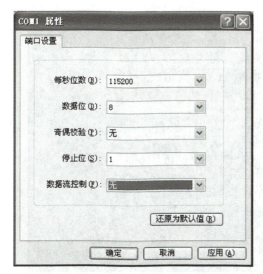

```
Ruijie Co., Ltd.
Model: RG-WALL-V160S
Version: RG-WALL-v2.50.04
http://www.ruijie.com.cn
mailto:service@star-net.cn
RG-WALL login: sadm
Password:
[sadm@RG-WALL]#
```

图 5-59　设置 VPN 终端通信参数　　　　　图 5-60　输入用户名和密码

4）输入命令，配置 VPN 或查看 VPN 运行状态。需要帮助时可以随时输入"?"。

5）配置 VPN 外网口地址（eth1），先进入网络（Network），再进入相应接口（Interface Set）进行具体配置。配置命令如图 5-61 所示。

```
Interface to set (eth0, eth1, Enter means cancel):
eth1
Bring up onboot? (0: No, 1: Yes, Enter means Yes)

Work mode (0: UnCfg, 1: Manual, 2: DHCP, 3: PPPoE, 4: InBridge, Enter means Manual):

IP Address (xxx.xxx.xxx.xxx):
192.168.10.100
Netmask (xxx.xxx.xxx.xxx, Enter means 255.255.255.0):

GateWay (xxx.xxx.xxx.xxx, Enter means no default gateway in this network):
192.168.10.1
MAC Address (xx:xx:xx:xx:xx:xx, Enter means use MAC Address of device):

MTU (68-1500, Enter means use MTU of device):

Link-Guarantee Weight (1-255, Enter means 100):

[sadm@RG-WALL(Network)]# save
EXT2-fs warning: checktime reached, running e2fsck is recommended
System configurations saved successfully!
[sadm@RG-WALL(Network)]# exit
[sadm@RG-WALL]#
```

图 5-61　接口配置命令

锐捷 VPN 出厂时，eth1 口的默认地址为 192.168.1.1，这里配置 eth1 口地址为 192.168.10.100，作为 Web 界面配置时的管理 IP。

6）配置 PC 地址与 VPN 的 eth1 口在同一网段，然后在 PC 上 ping VPN 的管理 IP（192.168.10.100），如图 5-62 所示。

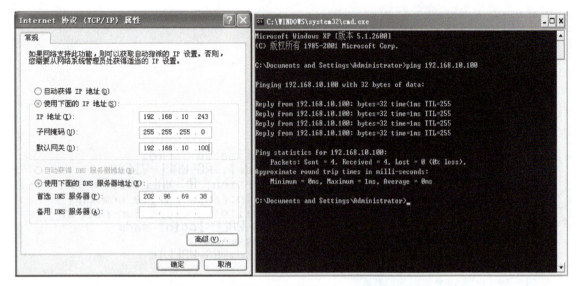

图 5-62 配置管理主机地址与 VPN 接口测通

(2) 使用锐捷网关管理中心

1) 安装网关管理中心软件,进入网关中心,新建一个网关组,并为它起一个名字。

2) 创建一个新网关,如图 5-63 所示,之后进行网关属性设置,这里的"网关地址"就是 VPN 的管理 IP (192.168.10.100)。

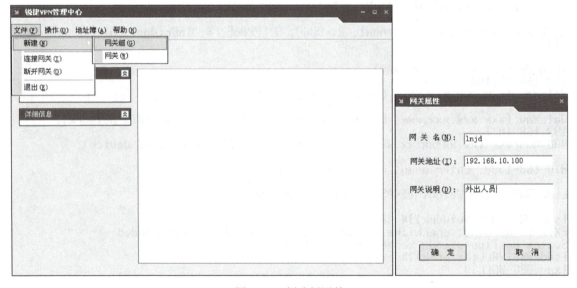

图 5-63 创建新网关

在"锐捷 VPN 管理中心"窗口中双击要登录的网关,系统将弹出"安全网关系统登录"对话框,如图 5-64 所示。从中输入设备出厂默认账号 adm,密码是 adm。管理员可以在用户认证模块中修改密码。

3) 单击"登录"按钮,进入 VPN 设备的配置界面,如图 5-65 所示。

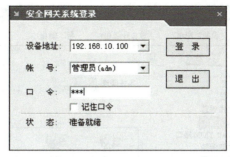

图 5-64 "安全网关系统登录"对话框

图 5-65 进入 VPN 设备配置界面

4）在 VPN 设备配置界面左侧的目录树上打开"网络管理"，双击"网络接口"，在打开的"网络接口"区域可进行网络接口的选择，如图 5-66 所示。

双击 eth0，弹出"接口 eth0"对话框，在"配置信息"选项卡中进行网络地址设置，如图 5-67 所示。

VPN 设备可 ping 通路由器的 F0/0 口；PC 可以 ping 通路由器的 F0/1 口；PC 可以 ping 通 VPN 设备的 eth0 口；服务器可以 ping 通 VPN 设备的 eth1 口。

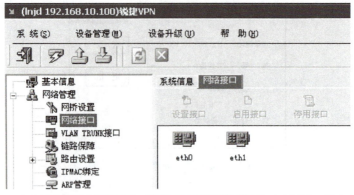

图 5-66 选择 VPN 的网络接口

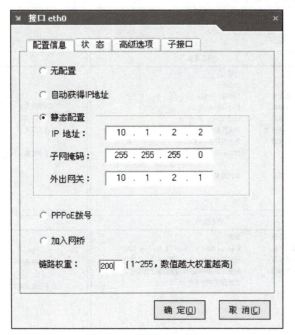

图 5-67 配置 eth0 接口

（3）配置 IPSec VPN 隧道

1）在 VPN 设备上进行 IPSec VPN 隧道配置。

① 进入远程移动用户 VPN 隧道配置的界面，登录 VPN 设备的管理界面，选择"远程用户管理"选项卡，如图 5-68 所示。

图 5-68 "远程用户管理"选项卡

② 配置"允许访问子网"（192.168.10.0），如图 5-69 所示。

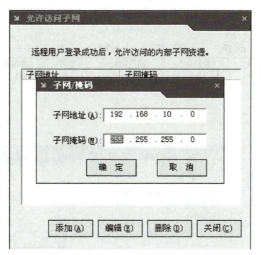

图 5-69　配置"允许访问子网"

③ 配置"本地用户数据库",便于管理员将来进行远程访问时建立用户名和密码,如图 5-70 所示。

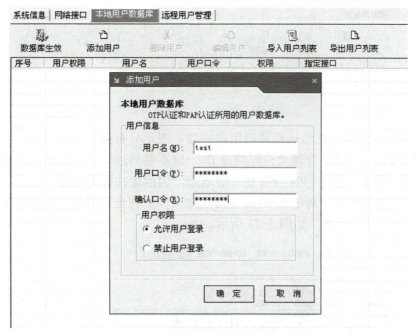

图 5-70　配置"本地用户数据库"

添加完用户后一定要单击"数据库生效"按钮,否则新添加的用户依然不可使用操作,如图 5-71 所示。

④ 配置"虚 IP 地址池",如图 5-72 所示。

分配 PC 的虚拟 IP 地址时,既可以定义一个地址池,由 VPN 设备自动分配,也可以由管理员为每个用户分配一个指定的 IP 地址。这里选择地址池方式,由系统自动分配,并且选择定义"子网地址"的地址池。

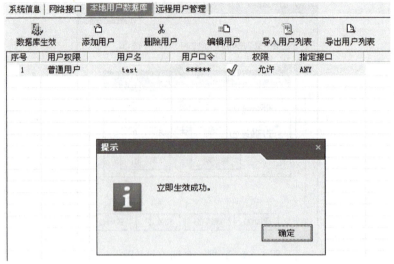

图 5-71 数据库生效

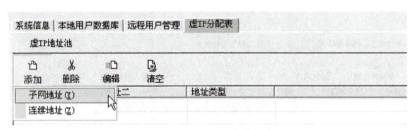

图 5-72 配置"虚 IP 地址池"

虚 IP 是网络管理员分配给远程移动用户的 IP，表示只有拥有该 IP 的 PC 才能获得局域网内部的访问权限。因此，管理员设置的虚 IP 一定不要与远程 PC 的 IP 以及局域网内部的 IP 冲突，否则远程 PC 在和 VPN 设备建立隧道后，因地址冲突的问题，也无法访问局域网内部的服务器。本案例中，对于虚 IP 地址池，定义一个完全没有使用的网段 192.168.2.0，完成后就会出现一个地址池，如图 5-73 所示。

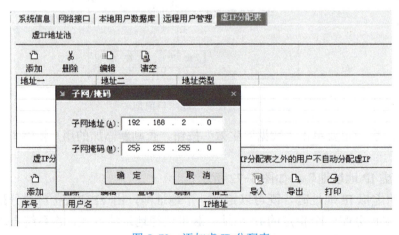

图 5-73 添加虚 IP 分配表

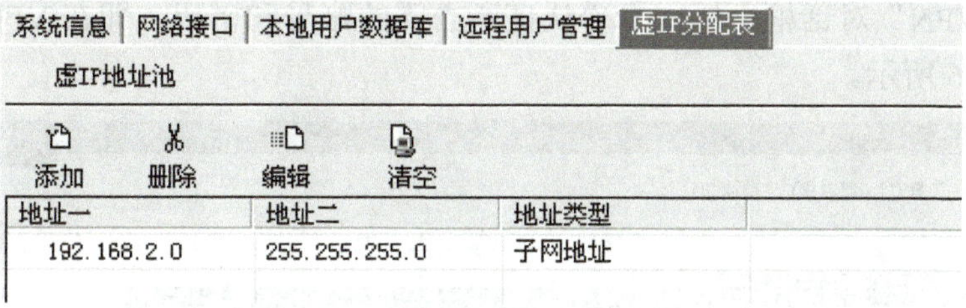

图 5-73 添加虚 IP 分配表（续）

"远程用户管理"界面的其他配置项，如"内部 DNS 服务器""内部 WINS 服务器""认证参数"，用户可以根据实际需要进行设置。

2）在 PC 上运行 RG-SRA 程序，开始建立 VPN 隧道。

① PC 上首先要安装 RG-SRA 程序（VPN 的远程客户端程序）。

② 建立一个与 VPN 设备的隧道连接，如图 5-74 所示。

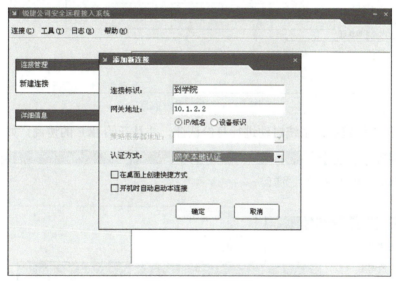

图 5-74 添加新连接

填写基本信息后，单击"确定"按钮。网关地址一般是外部地址，有可能是 VPN 直接连接外网，也有可能是防火墙或路由器对 VPN 映射的外部地址，这里为 VPN 直接连接外网。

③ 启动该隧道连接，建立 VPN 隧道，如图 5-75 所示。

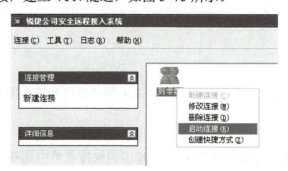

图 5-75 启动连接

在"连接 VPN"对话框中输入身份认证所必需的账号和密码,即在 VPN 设备上添加的用户,如图 5-76 所示。

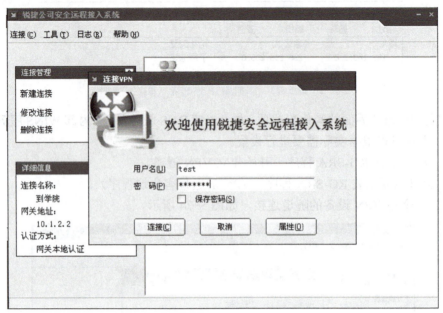

图 5-76　输入用户信息

单击"连接"按钮后,系统自动进行身份认证,并且开始 IKE 的协商,如图 5-77 所示。

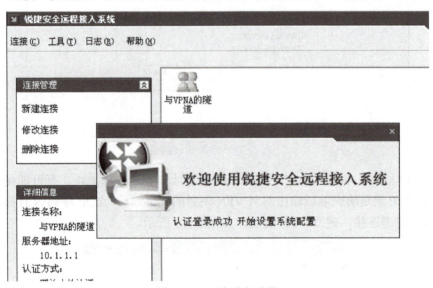

图 5-77　正在进行连接

完成身份认证和隧道建立的过程后,RG-SRA 程序会自动缩小图标并显示在屏幕的右下角,与本地连接的显示相似。

3)验证测试。

① 使用鼠标右键单击 RG-SRA 图标,在弹出的快捷菜单中选择"详细配置"命令,可以查看隧道信息,并自动获得了 VPN 分配的网络地址(192.168.2.1),如图 5-78 所示。

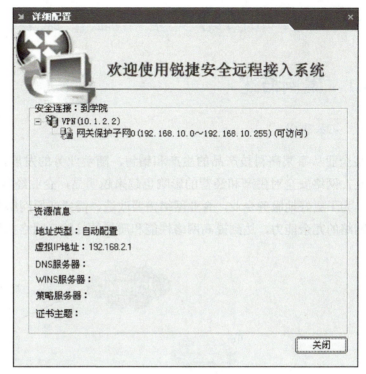

图 5-78　查看详细配置

② 在 VPN 设备的管理界面也可看到已经建立成功的隧道信息。隧道启动后可以在"隧道协商状态"栏目下看到隧道的协商状态，"隧道状态"显示"第二阶段协商成功"，如图 5-79 所示。

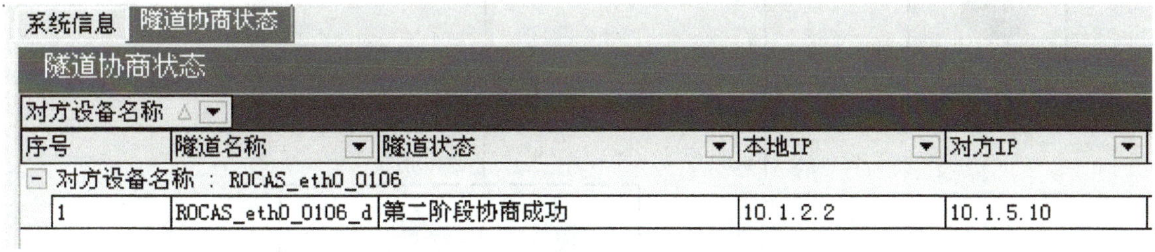

序号	隧道名称	隧道状态	本地IP	对方IP
对方设备名称：ROCAS_eth0_0106				
1	ROCAS_eth0_0106_d	第二阶段协商成功	10.1.2.2	10.1.5.10

图 5-79　隧道协商状态

4）进行隧道通信。从 PC 上去访问服务器提供的服务，服务应该成功。或者先在 PC 上 ping 服务器的 IP，应该能够 ping 通（没有 VPN 隧道前 ping，会是失败的）。VPN 隧道的通信情况可以在"隧道通信状态"中查看，如图 5-80 所示。

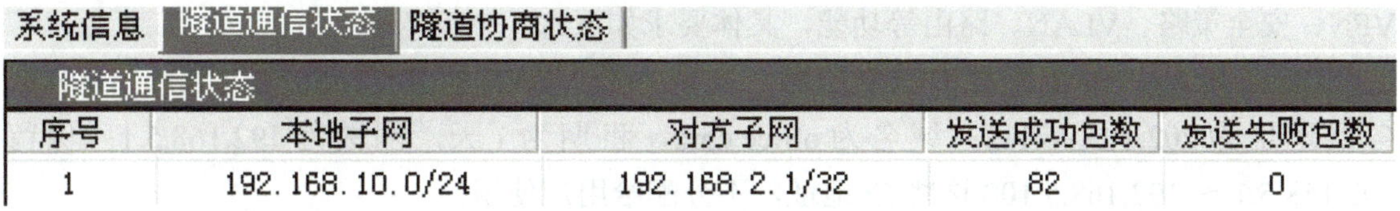

序号	本地子网	对方子网	发送成功包数	发送失败包数
1	192.168.10.0/24	192.168.2.1/32	82	0

图 5-80　隧道通信状态

5.5 计算机网络安全与维护案例

5.5.1 案例描述

1. 基本要求

某企业从事某高科技产品的生产和销售，随着业务的发展，企业原有网络已经不能满足需要，网络安全对生产和经营的影响也越来越明显，企业经常遭到来自 Internet 的攻击或入侵。为了更好地服务企业，企业网络需要改造，需要在原网络基础上进行网络设备扩容和提高网络的冗余能力，达到提高网络性能和质量的目的，网络拓扑结构规划如图 5-81 所示。

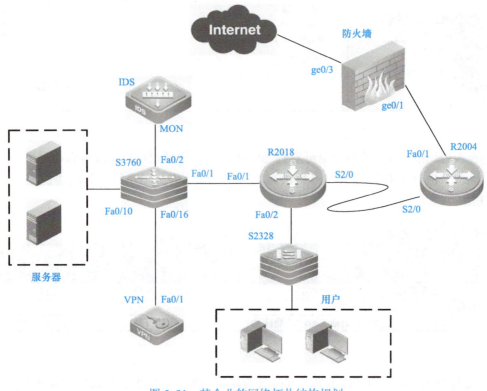

图 5-81 某企业的网络拓扑结构规划

为了提高网络的安全性、可靠性、可用性，需要配置 NAT、IP 映射、端口映射、IPSec VPN、安全策略、VLAN、路由等功能，具体要求如下。

1）在 RG-S3760 上配置 DHCP 服务，实现办公 VLAN 的 IP 自动分配，指定 DNS 服务器地址为 202.103.96.112；域名为 office.com，租期为 1 天，网关为 192.168.5.1；保留 192.168.5.1～192.168.5.100 这些 IP 地址，不分配给用户使用。

2）在 RSR2004 和 RSR2018 之间的运营商链路配置 PPP。

3）为了保证企业总部服务器资源的安全，需要在交换机端口上开启端口安全，将服务器的 MAC 进行静态绑定，并且服务器上同样实现网关的 MAC 静态绑定；在开启端口安全的交换机上，每个接口的最大连接数为 1，违规关闭接口。

4）在 RSR2004、RSR2018、RG-S3760 之间运行 RIP 动态路由协议。

5）在 FW 上配置相关策略并进行地址转换，只允许用户访问 Internet 的 HTTP、Mail、Telnet、FTP 服务。

6）为了方便出差员工访问企业内网资源，在企业总部的 RG-S3760 上接了一台支持 IPSec VPN 的设备，要求通过出口防火墙将其映射到外网，出差员工通过 IPSec VPN 拨号成功后访问企业内外资源，IPSec 拨号分配的 IP 地址段为 192.168.40.0/24。

7）在防火墙上将该企业的一些资源发布到外网，如 FTP、Web（要求用端口映射）。

2．网络连接要求

1）按要求制作网络连接电缆。
2）利用电缆正确连接网络设备。

3．网络硬件设备

本案例所需的网络硬件设备清单见表 5-4。

表 5-4 网络硬件设备清单

设备类型	设备型号	设备数量（台）
路由器	RG-RSR20-18	1
路由器	RG-RSR20-04	1
串口 V35 线缆	V.35 DTE-V.35 DCE 线缆	1
二层交换机	RG-S2328G	1
三层交换机	RG-S3760-24	1
防火墙	RG-WALL160M	1
VPN 设备	RG-WALL-V160S	1
IDS 设备		1

4．拓扑布局的搭建

按照拓扑结构图对 IP 地址进行合理规划，确定计算机及网络设备的 IP 地址，见表 5-5。

表 5-5　IP 地址分配表

设备	设备名称	设备接口	IP 地址
路由器	RSR2004	Fa0/1	192.168.11.12/24
		S2/0	192.168.20.5/30
		Loopback 0	1.1.1.1/24
	RSR2018	S2/0	192.168.20.6/30
		Loopback 0	2.2.2.2/24
		Fa0/0	192.168.30.1/24
		Fa0/1	192.168.40.1/24
防火墙	FW	ge0/3	200.100.100.101/29
		ge0/1	192.168.11.11/24
三层交换机	RG-S3760	Fa0/1	192.168.40.2/24
		VLAN300 F0/2-9	192.168.1.1/24
		VLAN400 F0/10-15	192.168.3.1/24
		VLAN500 F0/16-24	192.168.5.1/24
二层交换机	RG-S2328	VLAN100	192.168.30.0/24
VPN 设备	RG-V160S	F0/0	192.168.5.6/24
		外网拨号用户分配 IP	192.168.50.1/24
入侵检测	IDS	montsever	192.168.3.180/24
		gentIP	192.168.1.254/24

5.5.2　路由器的配置与调试

1．路由器 RSR2004 的配置过程

RSR2004（config）#interface loopback 0 （进入逻辑接口）
RSR2004（config-if-Loopback0）#ip address 1.1.1.1 255.255.255.0
（为接口配置 IP 地址）
RSR2004（config-if-Loopback0）#no shutdown （激活该接口）
RSR2004（config-if-Loopback0）#exit
RSR2004（config）#interface f0/1 （进入局域网接口）
RSR2004（config-if- FastEthernet0/1）#ip address 192.168.11.12 255.255.255.0
RSR2004（config-if-FastEthernet0/1）#no shutdown
RSR2004（config-if-FastEthernet0/1）#exit
RSR2004（config）#interface s 2/0 （进入广域网接口）

RSR2004（config-if-Serial2/0）#clock rate 64000 （配置时钟）
RSR2004（config-if-Serial2/0）#ip address 192.168.20.5 255.255.255.252
RSR2004（config-if-Serial2/0）#no shutdown
RSR2004（config-if-Serial2/0）#exit
RSR2004（config）#router rip （配置动态路由）
RSR2004（config-router）#network 192.168.11.0
RSR2004（config-router）#network 1.1.1.0
RSR2004（config-router）#network 192.168.20.0
RSR2004（config-router）#exit
RSR2004（config）#ip route 0.0.0.0 0.0.0.0 192.168.11.11 （设置默认路由）

2．路由器 RSR2018 的配置过程

RSR2018（config）#interface f 0/1
RSR2018（config-if-FastEthernet0/1）#ip address 192.168.40.1 255.255.255.0
RSR2018（config-if-FastEthernet0/1）#no shutdown
RSR2018（config-if-FastEthernet0/1）#exit
RSR2018（config）#interface f 0/0
RSR2018（config-if-FastEthernet0/0）#ip address 192.168.30.1 255.255.255.0
RSR2018（config-if-FastEthernet0/0）#no shutdown
RSR2018（config-if-FastEthernet0/0）#exit
RSR2018（config）#interface loopback 0
RSR2018（config-if-Loopback0）#ip address 2.2.2.2 255.255.255.0
RSR2018（config-if-Loopback0）#no shutdown
RSR2018（config-if-Loopback0）#exit
RSR2018（config）#interface s 0/1
RSR2018（config-if-Serial2/0）#ip address 192.168.20.6 255.255.255.252
RSR2018（config-if-Serial2/0）#no shutdown
RSR2018（config-if-Serial2/0）#exit
RSR2018（config）#router rip
RSR2018（config-router）#network 192.168.20.0
RSR2018（config-router）#network 192.168.30.0
RSR2018（config-router）#network 192.168.40.0
RSR2018（config-router）#network 2.2.2.0

5.5.3 三层交换机的配置与调试

RG-S3760（config）#vlan 300 （创建 VLAN）
RG-S3760（config）#vlan 400
RG-S3760（config）#vlan 500
RG-S3760（config）#interface range f 0/2-9 （向 VLAN 中添加端口）
RG-S3760（config-if-range）#switchport access vlan 300
RG-S3760（config）#interface range f 0/10-15
RG-S3760（config-if-range）#switchport access vlan 400
RG-S3760（config）#interface range f 0/16-24
RG-S3760（config-if-range）#switchport access vlan 500
RG-S3760（config）#interface vlan 300 （设置 VLAN 接口 IP）

```
RG-S3760（config-if-VLAN300）#ip address 192.168.1.1 255.255.255.0
RG-S3760（config）#interface vlan 400
RG-S3760（config-if-VLAN400）#ip address 192.168.3.1 255.255.255.0
RG-S3760（config）#interface vlan 500
RG-S3760（config-if-VLAN500）#ip address 192.168.5.1 255.255.255.0
RG-S3760（config）#interface f 0/1
RG-S3760（config-if-FastEthernet0/1）#no switchport （设置第三层物理端口）
RG-S3760（config-if-FastEthernet0/1）#ip address 192.168.40.2 255.255.255.0
RG-S3760（config）#router rip （设置动态路由）
RG-S3760（config-router）#network 192.168.40.0
RG-S3760（config-router）#network 192.168.1.0
RG-S3760（config-router）#network 192.168.3.0
RG-S3760（config）#service dhcp （启动 DHCP 服务）
RG-S3760（config）#ip dhcp pool office （设置名为 office 的 DHCP 地址池）
RG-S3760（dhcp-config）#domain-name office.com （设置域名为 office.com）
RG-S3760（dhcp-config）#dns-server 202.103.96.112 （设置 DNS 服务器 IP 地址）
RG-S3760（dhcp-config）#default-router 192.168.5.1 （设置网关）
RG-S3760（dhcp-config）#lease 1 （设置租期为 1 天）
RG-S3760（dhcp-config）#network 192.168.5.0 255.255.255.0 （设置地址池）
RG-S3760（config）#ip dhcp excluded-address 192.168.5.1 192.168.5.100
（设置排除地址）
```

5.5.4 防火墙与 VPN 的配置与调试

1. 配置防火墙的 IP 地址

建议至少设置一个接口上的 IP 用于管理（这里将 FE1 设置为管理 IP：192.168.10.100）。为了管理方便，可以将其他几个接口都开启管理权限，否则，完成初始配置后无法用 Web 界面管理防火墙。若 ge1、ge3 都是路由模式，则 ge1 和 ge3 的地址都必须配置。内网 ge1 接口 IP 设置为 192.168.11.11/24，设置 ge3 的 IP 地址为 200.100.100.100/29（接口地址用于 NAT）和 200.100.100.101/29（接口地址用于 VPN），如图 5-82 所示。

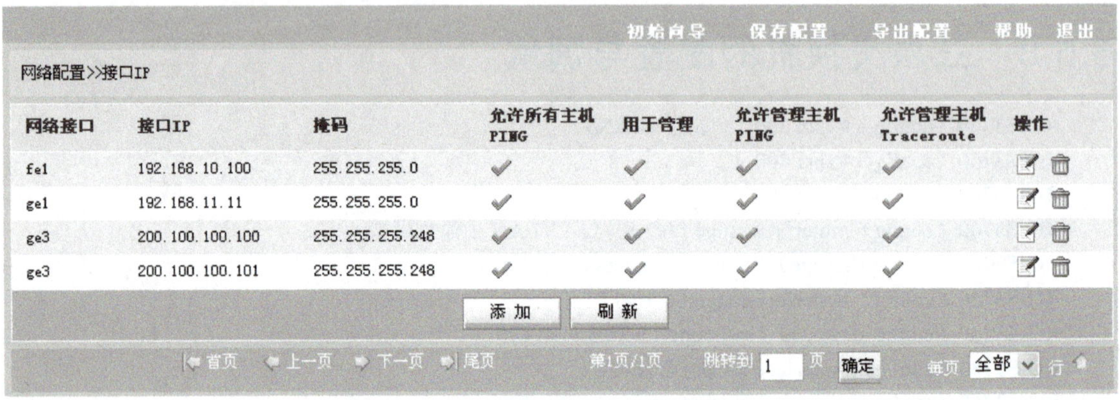

网络接口	接口IP	掩码	允许所有主机PING	用于管理	允许管理主机PING	允许管理主机Traceroute	操作
fe1	192.168.10.100	255.255.255.0	✔	✔	✔	✔	
ge1	192.168.11.11	255.255.255.0	✔	✔	✔	✔	
ge3	200.100.100.100	255.255.255.248	✔	✔	✔	✔	
ge3	200.100.100.101	255.255.255.248	✔	✔	✔	✔	

图 5-82 防火墙接口的 IP 地址

2. 添加策略路由

在"网络配置>>策略路由"界面中单击"添加"按钮，添加路由的目的地址为 0.0.0.0、掩码为 0.0.0.0、下一跳地址为 200.100.100.102，用于对外的转发。再添加一条路由，目的地址为 192.168.0.0、掩码为 255.255.0.0、下一跳地址为 192.168.11.12，这是一条回指路由。防火墙路由表如图 5-83 所示。

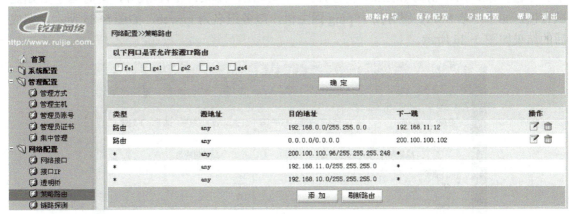

图 5-83　防火墙路由表

3. 添加服务器 IP 地址

为了便于记忆和方便管理，可以将服务的 IP 地址用名称来代替。例如，内网服务器的 IP 地址为 192.168.3.9，命名为"web9"，如图 5-84 所示。

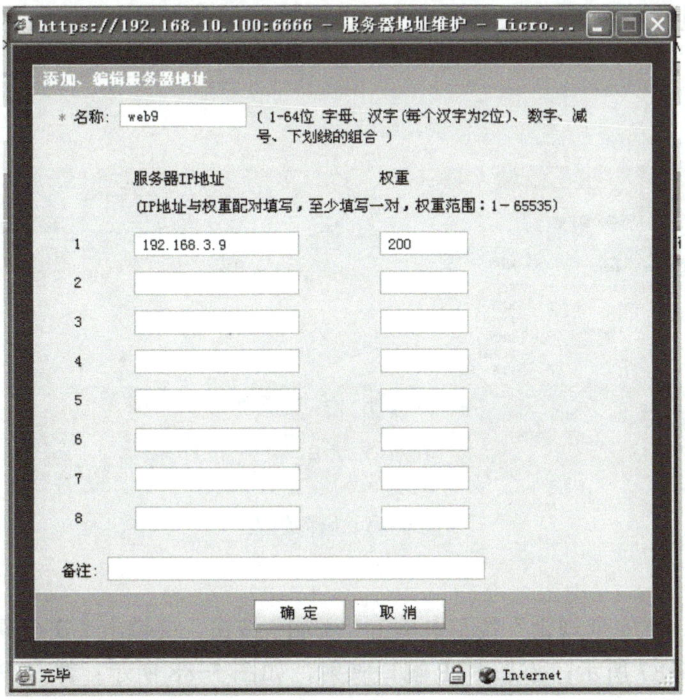

图 5-84　为内网服务器 IP 命名

4. 添加服务组

正常情况下，在创建安全规则时要提供打开的是哪一项服务，如果有四项服务，那么需要创建四项规则。如果将这四项服务建成一个服务组，那么只需创建一条安全规则就可以了。根据要求，用户访问 Internet 中的 HTTP、MAIL、Telnet、FTP 服务，同时为了后期测试方便，加了一项 SMTP 服务用于 ping 通主机，服务组名为 intweb，如图 5-85 所示，完成后的结果如图 5-86 所示。

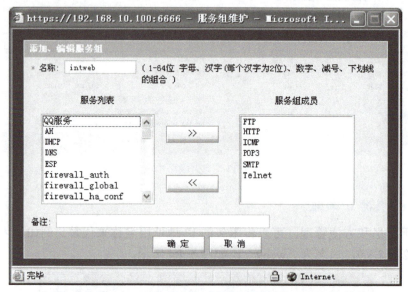

图 5-85　建立服务组

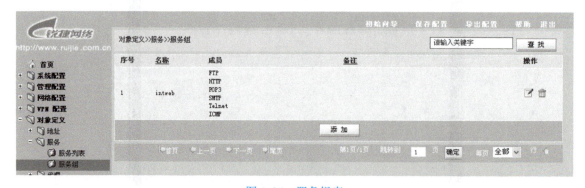

图 5-86　服务组表

在"安全策略>>安全规则"界面中单击"添加"按钮，将弹出"安全规则维护"对话框。添加 NAT，如图 5-87 所示；添加 FTP 端口映射，如图 5-88 所示；添加 Web 端口映射，如图 5-89 所示；添加 VPN IP 映射，如图 5-90 所示。

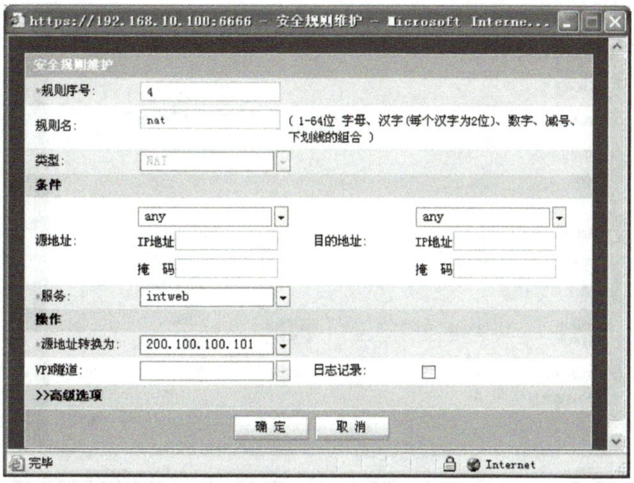

图 5-87 添加 NAT

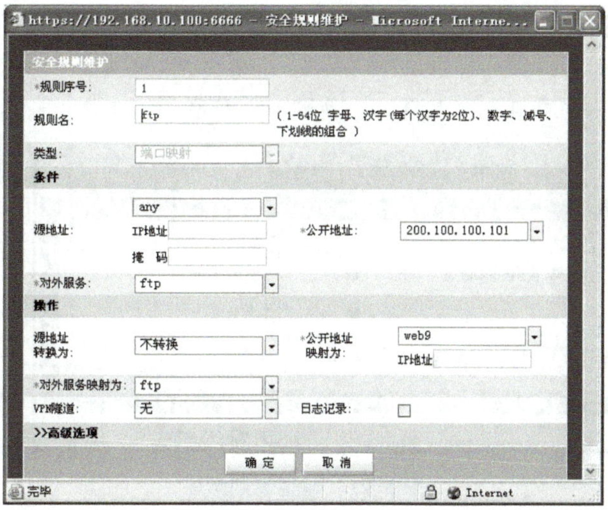

图 5-88 添加 FTP 端口映射

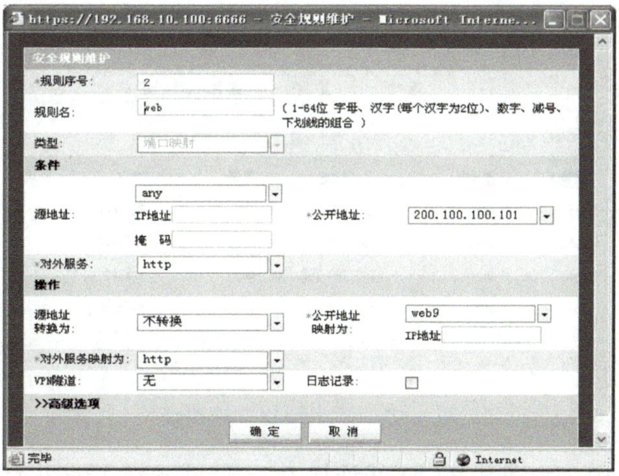

图 5-89 添加 Web 端口映射

图 5-90　添加 VPN IP 映射

添加完成后，一定要注意安全规则的先后顺利，NAT 一定要放到最下面，如图 5-91 所示。

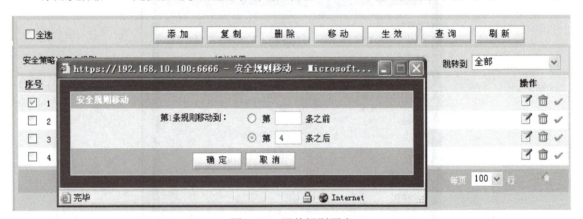

图 5-91　调整规则顺序

最终的安全规则表如图 5-92 所示。

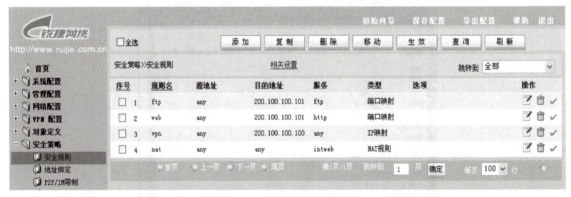

图 5-92　防火墙安全规则表

在网络内部，各 VLAN 通过 RJ-45 线连接 PC，能够 ping 通防火墙连接的外部主机，说明 NAT 测试成功，如图 5-93 所示。用同样的方法验证端口映射的服务器。

图 5-93　测试联通性

5．VPN 的配置与调试

在 VPN 配置界面左边的目录树上单击"网络管理"，双击"网络接口"，在网络接口的选择界面双击 eth0 口，弹出"接口 eth0"对话框，从中设置网络地址为 192.168.5.6，如图 5-94 所示。

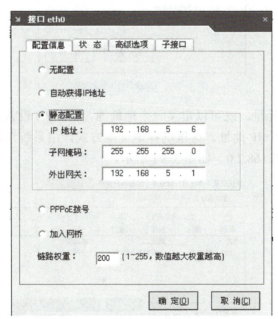

图 5-94　VPN 接口 IP 地址的配置

（1）配置 IPSec VPN 隧道　下面介绍在 VPN 设备上进行 IPSec VPN 隧道配置。

1）进入远程移动用户 VPN 隧道配置的界面。登录 VPN 设备的管理界面，选择"远程用户管理"选项卡，如图 5-95 所示。

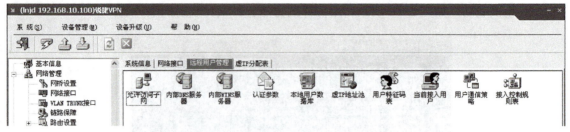

图 5-95 "远程用户管理"选项卡

2)配置"允许访问子网"为 192.168.3.0。

3)配置"本地用户数据库"。为将来进行远程访问时建立用户名和密码,如图 5-96 所示。添加完用户数据库后一定要单击"数据库生效"按钮。

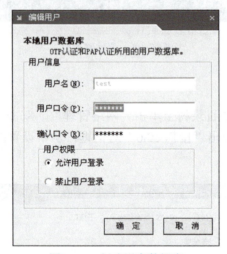

图 5-96 创建用户数据库

分配 PC 的虚拟 IP 地址,既可以定义一个地址池,由 VPN 设备自动分配,也可以由管理员为每个用户分配一个 IP 地址。这里选择地址池方式,由系统自动分配,并且定义"子网地址"的地址池为 192.168.2.0,如图 5-97 所示。

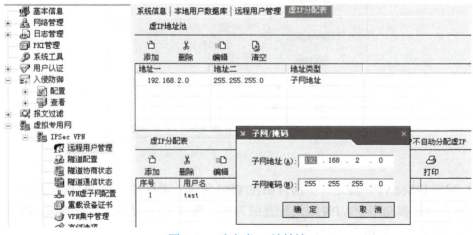

图 5-97 建立虚 IP 地址池

配置防火墙外接 PC 的 IP 地址为 200.100.100.99，子网掩码为 255.255.255.0，网关为 200.100.100.101，如图 5-98 所示。

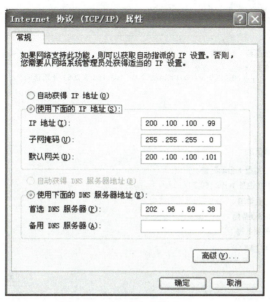

图 5-98　配置防火墙外网 PC

建立一个与 VPN 设备的隧道连接，如图 5-99 所示。

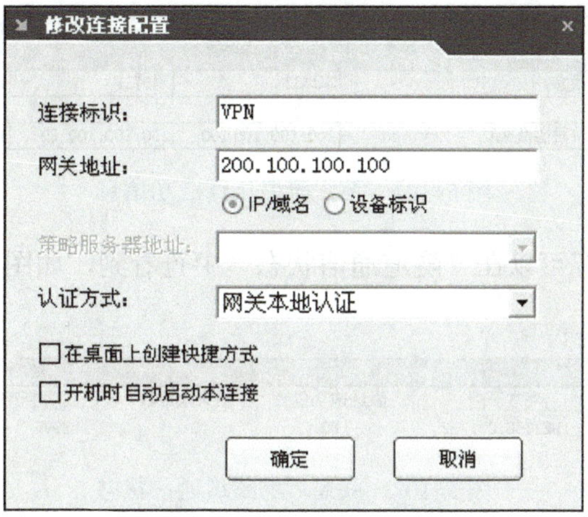

图 5-99　建立隧道连接

使用鼠标右键单击 VPN 设备的隧道，在弹出的快捷菜单中选择"详细配置"命令，可以查看隧道信息，并自动获得了 VPN 分配的网络地址（192.168.2.1），如图 5-100 所示。

从 PC 上去访问服务器提供的服务，服务应该成功。或者先在 PC 上 ping 服务器的 IP 地址，此时应该能够 ping 通。

在 VPN 设备的管理界面中可以看到已经建立成功的隧道信息。隧道启动后可以在"隧道协商状态"栏目下看到隧道的协商状态，"隧道状态"显示"第二阶段协商成功"，如图 5-101 所示。

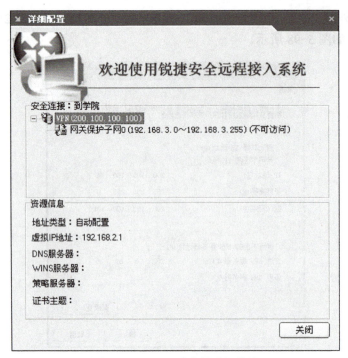

图 5-100　VPN 用户的详细信息

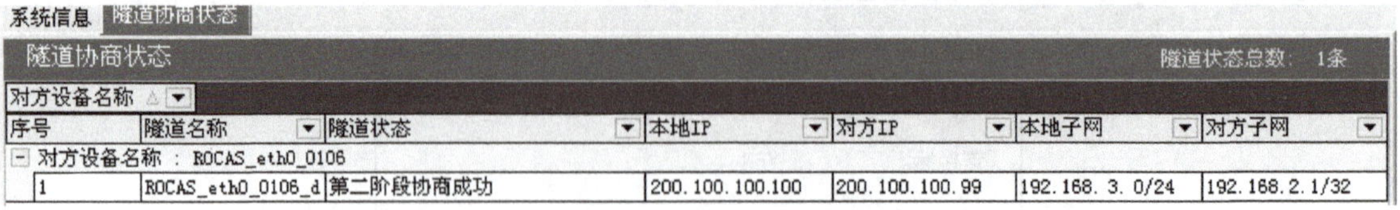

图 5-101　第二阶段协商成功信息

VPN 隧道的通信情况可以在"隧道通信状态"中查看到，如图 5-102 所示。

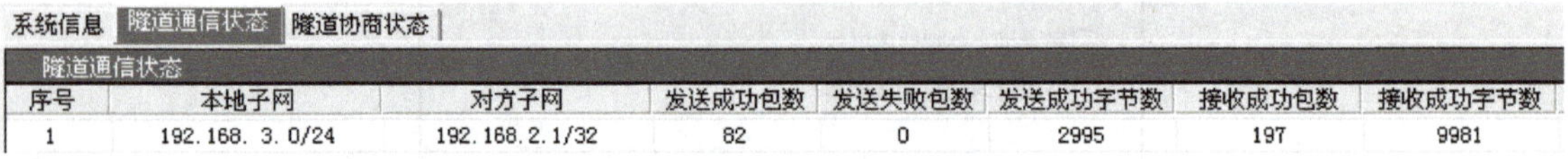

图 5-102　联通后的隧道通信状态

（2）RG-IDS 策略管理

1）策略编辑界面浏览。

单击主界面上的"策略"按钮，切换到策略编辑器窗口，策略编辑器窗口分为四个区域。

2）派生新策略。

在"告警策略"区域选中一个系统预定义策略 Attack-Detector，右键单击该策略，在出现的菜单中选择"派生策略"，如图 5-103 所示。在弹出的对话框中输入新策略的名称 lnjd，单击"确定"按钮，新策略会显示在"告警策略"区域中。

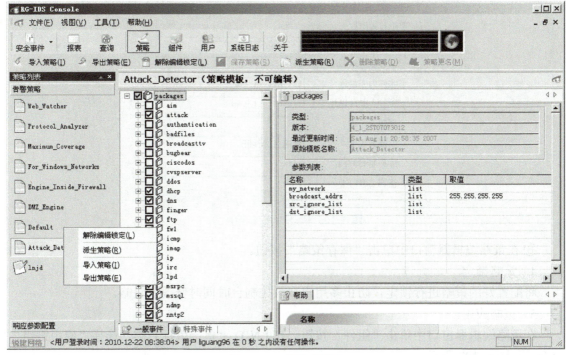

图 5-103 派生新策略

3）策略编辑。

在策略中，可以选择用户所关注的事件签名进行检测。编辑策略的步骤如下。

① 单击一个自定义策略。

② 在策略编辑器窗口中单击"编辑锁定"按钮，以确保其他人不能同时更改策略。

③ 在攻击签名窗口展开攻击签名。

④ "选中"分类中想要查看部分的攻击签名。

⑤ 为攻击签名选择响应方式，可以整体配置，也可单一配置，如对 IP 部分进行"事件响应整体配置"，如图 5-104 所示。在"事件响应整体配置"对话框（图 5-105）中，勾选"发送响应至用户指定应用程序"，配置邮件响应参数，如图 5-106 所示。

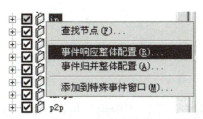

图 5-104 选择"事件响应整体配置"命令

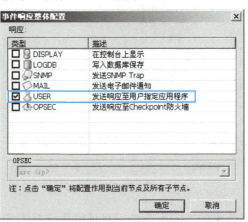

图 5-105 "事件响应整体配置"对话框

· 159 ·

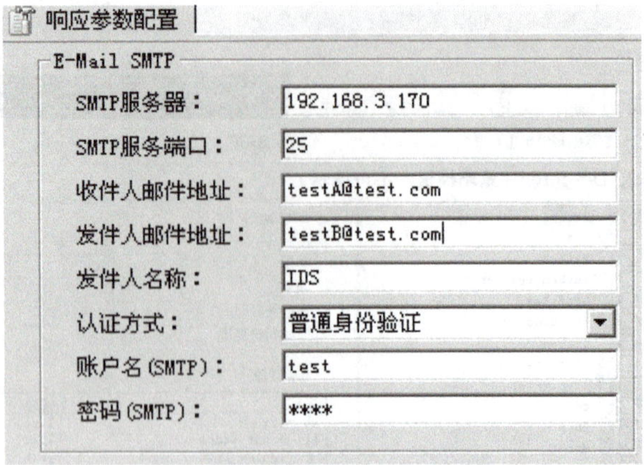

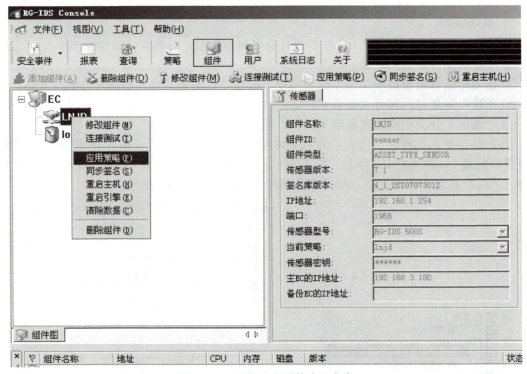

图 5-106　邮件响应参数配置

⑥在策略编辑器窗口中单击"保存策略"按钮。

4）策略锁定。

将配置好的策略进行锁定，防止多用户登录控制台时同时修改本策略。

5）策略应用。

在策略编辑器窗口中单击"组件"按钮，在 LNJD 上单击鼠标右键，选择"应用策略"命令，如图 5-107 所示。

图 5-107　选择"应用策略"命令

在弹出的"应用策略"对话框中选择需要应用的策略，单击"应用"按钮，如图 5-108 所示。控制台界面弹出"命令处理进度"对话框，应用完毕后引擎会自动重启。

（3）报表管理

1）登录报表管理器。

在策略编辑器窗口中单击"报表"按钮，进入报表管理器登录对话框。输入相应的账号、密码（前提是该账号拥有报表管理权限），以及事件收集器和数据服务器的 IP 地址（192.168.3.180）。

2）报表查看。

在报表管理器窗口中的"报表工作区"中选择"报表"→"安全事件报表"→"风险状况统

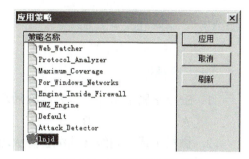

图 5-108　选择要应用的策略

计"→"星期 n 风险状况统计"选项，报表显示区内显示"风险状况--日统计信息"的柱状图和饼状图，如图 5-109 所示。除此之外，还可以看到其他的统计报表，以供分析网络运行状况所用。

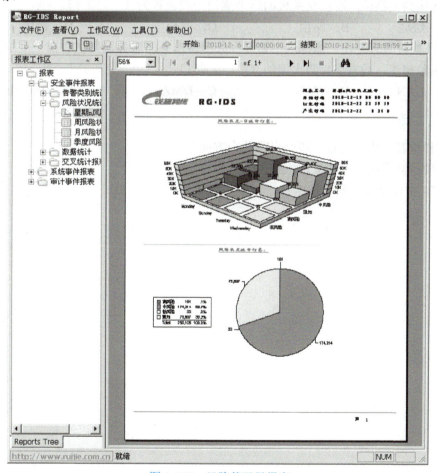

图 5-109　风险状况日报表

3）导出报表。

选择报表管理器窗口中的"文件"→"导出报表"命令，在弹出的对话框中选择保存路径，输入保存名称，选择保存格式（可以保存为四种格式："rpt"".txt""html"".rtf"）。

5.6 本章习题

一、选择题

1. Sniffer 属于第（　　）层次的攻击。
   A. 一　　　　B. 二　　　　　　C. 三　　　　　　D. 四

2. 微机上通过超级终端配置防火墙，应设置波特率为（　　）。
   A. 115200bit/s　　B. 9600bit/s　　C. 2400bit/s　　D. 19200bit/s

3. IPSec 协议的运行模式有两种：IPSec（　　）及 IPSec 传输模式。
   A. 隧道模式　　B. 会话模式　　C. 网络模式　　D. 应用模式

4. IDS 是一个监听设备，没有跨接在任何链路上，无须网络流量流经它便可以工作。可以直接连接到交换机，连接交换机的这个端口一般设置为（　　）口。
   A. 级联　　　　B. 路由　　　　C. 混合　　　　D. 镜像

5. 为了配置管理方便，内部网中需要向外提供服务的服务器往往放在一个单独的网段，与防火墙单独相连，通常连接防火墙的（　　）接口。
   A. LAN　　　　B. WAN　　　　C. DMZ　　　　D. Console

二、简答题

1. 入侵检测利用的信息一般来自哪几个方面？
2. 入侵检测系统的工作流程大致分为几步？
3. VPN 中包括哪些安全技术？

第 6 章 操作系统安全

6.1 操作系统安全概述

操作系统是信息系统的重要组成部分。操作系统作为系统软件,是计算机硬件和用户之间的桥梁,它位于软件系统的底层,需要为其上运行的各类应用服务提供支持。同时,操作系统是系统资源的管理者,可对所有系统软硬件资源实施统一管理。因此,操作系统的安全在整个信息系统的安全中起到至关重要的作用。

当前,云计算技术、大数据技术、移动互联网技术、物联网技术等快速发展,人们对计算机网络的依赖性增强,计算机安全问题越来越重要,操作系统作为计算机网络的核心技术之一,对安全性的要求也越来越高。

6.1.1 操作系统安全的概念

操作系统是控制和管理计算机系统内各种硬件和软件资源、有效地组织多道程序运行的系统软件(或程序集合),是用户与计算机之间的接口。操作系统是最基本的系统软件,是计算机用户和计算机硬件之间的接口程序模块,是计算机系统的核心控制软件,负责控制和管理计算机系统内部的各种资源,可有效组织各种程序高效运行,从而为用户提供良好的、可扩展的系统操作环境,达到使用方便、资源分配合理、安全可靠的目的。

作为信息系统的基石,日益完善的操作系统为用户提供强大而灵活的交互功能,为人们的生活带来便捷,但这种优势是以系统安全为代价的。在不断激增的各种网络安全问题中,如果没有合理设置和防护,操作系统会成为计算机系统的薄弱点,在遭遇信息威胁时变得更加脆弱。

为了实现安全目标,操作系统需要从用户管理、资源访问行为管理以及数据安全、网络访问安全等各个方面对系统行为进行控制,确保破坏系统安全的行为难以发生。同时,还需要对系统的所有行为进行记录,使攻击等恶意行为一旦发生就会留下痕迹,使安全管理人员有据可查。

用户对系统的不当使用是威胁操作系统安全的主要因素之一,这既包括合法用户因为误操作而对系统资源造成的破坏,也包含恶意攻击者冒用合法用户身份对系统进行的攻击破坏。因此，操作系统安全的首要问题是对系统用户进行管理，确保正常情况下登录用户的合法性，然后才能以此为基础构建整个操作系统的安全体系。

1. 用户身份标识与鉴别

在操作系统中，对用户身份的标识与鉴别是系统安全的基础，因为只有真实地认定行为主体的身份后，对主体的访问控制以及安全审计等才有意义。身份标识要求凡是进入操作系统的用户，都能够产生一个内部标识来标识该用户的身份；而身份鉴别则是指在用户登录系统时，系统能够通过不同的认证手段，对用户身份的真实性进行认定。一旦用户通过了认定，该用户的进程都将与该用户绑定，可以通过进程的行为追溯到进程的所有用户。

可以说，身份鉴别是操作系统安全的第一道门槛。不同的鉴别手段带来的安全强度也有所不同：口令认证是最简单也是使用最为广泛的认证方式，但存在易向外部泄露、易于猜测等弱点；智能卡认证则将数字签名认证与芯片硬件加解密相结合，一次一密地验证身份真实性，并且智能卡的双因子认证模式不但要求用户知道什么（智能卡的 PIN 值），而且还要求拥有什么（智能卡），有效提高了安全性。此外，还可以利用指纹、虹膜或语音等用户的生理或行为特征来进行生物特征认证，通过唯一性的生物特征来防止认证信息的仿冒。

2. 用户分组管理

当前，主流的通用操作系统都是多用户、多任务的操作系统，系统上可以建立多个用户，且多个用户可以在同一时间内登录同一个系统，并且在执行各自不同的任务时互不影响。不同的用户具有不同的权限，每个用户都在权限允许的范围内完成不同的任务。

在多用户的操作系统尤其是应用规模较大的操作系统中，过多的系统用户会给安全管理带来难度。因此，当系统用户较多时，通常将具有相同身份和属性的用户划分到一个逻辑集合（即一个用户组）中，然后一次性赋予该集合访问资源的权限，而不再单独给用户赋予权限，以此来简化管理程序，提高管理效率。除了用户可以创建本地组外，操作系统一般还会根据系统访问与管理权限的不同实现内置分组。

在《信息安全技术　移动通信智能终端操作系统安全技术要求》（GB/T 30284—2020）中，操作系统安全被定义为：操作系统所存储、传输和处理的信息的保密性、完整性和可用性的表征。操作系统安全在计算机信息系统的整体安全中具有至关重要的作用。没有操作系统提供的安全，计算机信息系统的安全是没有基础可言的。

从操作系统自身的角度来看，目前的操作系统安全主要包括系统自身的安全、物理安全、逻辑安全、应用安全以及管理安全等。操作系统自身的安全主要是指系统设计时无人为或逻辑问题导致的错误；物理安全主要是指系统设备及相关设施受到物理保护，使之免受破坏或丢失；逻辑安全主要指系统中信息资源的安全；应用安全主要指基于系统建立的应用级别的安全，包括应用的配置、管理等；管理安全主要包括各种管理的政策和机制。

6.1.2　操作系统安全的评估

我国参考 TCSEC（美国橘皮书）、红皮书（NCSC）、CC、ITSEC 等标准，制定了《计算机信息系统　安全保护等级划分准则》（GB 17859—1999），同 TCSEC 一样，将安全功能与安全保证合在一起,共同对安全产品进行要求和评价。《信息技术 安全技术 信息技术安全评估准则 第 3 部分:安全保障组件》(GB/T 18336.3—2015)则等同于采用了国际标准 CC,将安全功能与安全保证独立开来,分别要求。也可以说,GB 17859—1999 主要对安全功能进行了要求,GB/T 18336.3—2015 则把安全保证作为独立的一部分进行要求和评测。

GB 17859—1999 对操作系统安全的分级进行定义:第 1 级,用户自主保护级;第 2 级,系统审计保护级;第 3 级,安全标记保护级;第 4 级,结构化保护级;第 5 级,访问验证保护级。

6.2　Windows 安全技术

6.2.1　关闭多余系统服务

6.2.1　关闭多余系统服务

1)在计算机桌面中右击"计算机"图标,从弹出的快捷菜单中选择"管理"选项,打开"服务器管理器"窗口,然后选择"工具"→"服务"命令,打开"服务"窗口,如图 6-1 所示。

图 6-1　"服务"窗口

2)在左侧栏中单击"服务"选项,进入详细目录,在右侧栏中可以看到,每个对应的服务都有名称、状态、启动类别,登录身份等信息。

将 DNS Client(DNS 客户端)、Event Log(事件日志)、Logical Disk Manager(逻辑磁盘管理器)、Network Connections(网络连接)、Plug and Play(即插即用)、Protected Storage(受保护存储)、Remote Procedure Call(RPC)(远程过程调用)、RunAs Service(RunAs 服务)、Security Accounts Manager(安全账号管理器)、Task Scheduler(任务调度程序)、Windows Management Instrumentation(Windows 管理规范)、Windows Management Instrumentation Driver Extensions(Windows 管理规范驱动程序扩展)服务配置为启动时自动加载。如图 6-2 所示,

在"DNS Client 的属性（本地计算机）"对话框的"启动类型"处选择"自动"，"服务状态"选择"启动"。

3）Windows Server 2012 的 Remote Registry 和 Telnet 服务都可能对系统带来安全漏洞，Remote Registry 服务的作用是允许远程操作注册表，Telnet 的作用是远程登录到主机，关闭这些服务，如图 6-3 和图 6-4 所示。

图 6-2　DNS 客户端服务自动启动配置

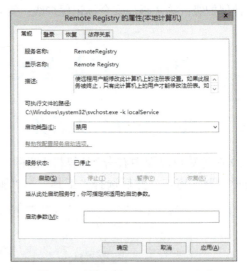

图 6-3　关闭 Remote Registry 服务

图 6-4　关闭 Telnet 服务

6.2.2　账号安全配置

为了保护计算机安全，删除所有的测试账户、共享账户等，尽可能少建立有效账户，没有用的一律不要，多一个账户就多一个安全隐患。

6.2.2　账号安全配置

系统的账户越多，被攻击成功的可能性就越大。因此，要经常用一些扫描工具查看系统账户、账户权限及密码，并且及时删除不再使用的账户。对于 Windows 主机，如果系统账户超过 10 个，那么一般能找出一两个弱口令账户。账户数量不要大于 10 个。将 Guest 账户停用，改成一个具有复杂的名称账户并添加密码，然后将它从 Guests 组删除。任何时候都不允许 Guest 账户登录系统。用户登录系统的账户名对于黑客来说也有着重要意义。当黑客得知账户名后，可发起有针对性的攻击。目前，许多用户都在使用 Administrator 账户登录系统，这为黑客的攻击创造了条件。因此，可以重命名 Administrator 账户，使得黑客无法针对该账户发起攻击。但是要注意，不要使用 admin root 之类的特殊名字，尽量伪装成普通用户，如 test。

1．删除无效用户

1）在任务栏中选择"服务器管理器"→"工具"→"计算机管理"选项，弹出图 6-5 所示的窗口。

图 6-5 "计算机管理"窗口

2）在"计算机管理"窗口左侧栏中选择"本地用户和组"选项，然后单击"用户"选项，在右侧出现的用户列表中选择要删除的用户，如 test，单击鼠标右键，在弹出的快捷菜单中选择"删除"命令，在出现的对话框中单击"是"按钮，如图 6-6 所示。

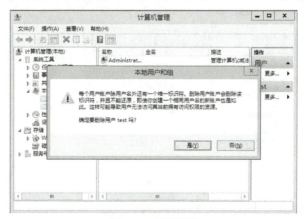

图 6-6 删除用户

2．停用 Guest 账户

1）在"计算机管理"窗口选择"系统工具"→"本地用户和组"→"用户"选项，在右侧框中右键单击"Guest"用户，选择"属性"命令，打开"Guest 属性"对话框，在"常规"选项卡中选择"账户已禁用"复选框，如图 6-7 所示。

图 6-7　停用 Guest 账户

2）在同一个快捷菜单中选择"重命名"命令，为 Guest 起一个新名字 superadmin；选择"设置密码"命令，建议设置一个复杂的密码。

3．重命名管理员账户

为保障管理员账户 Administrator 的安全，可以对该用户修改名称，黑客即使入侵计算机成功，也找不到管理员账户，从而降低损失程度。右键单击 Administrator，出现图 6-8 所示的快捷菜单，选择"重命名"命令，输入新的名称（如 test1）即可。如图 6-9 所示，已经成功将管理员账号的名称修改为 test1。

图 6-8　右键快捷菜单

图 6-9　修改名称为 test1

4．设置两个管理员账户

因为只要登录系统，密码就存储在 winLogon 进程中，当有其他用户入侵计算机时，就可以得到登录用户的密码，所以可以设置两个管理员账户，一个用来处理日常事务，一个用作备用。

5．设置陷阱用户

在 Guests 组中设置一个 Administrator 账户，把它的权限设置成最低，并给予一个复杂的密码（至少要超过 10 位的超级复杂密码），而且用户不能更改密码，这样就可以让那些企图入侵的黑客花费一番功夫，并且可以借此发现他们的入侵企图。

1) 在"计算机管理"窗口中选择"本地用户和组"→"用户"选项，在右侧出现的用户列表中单击鼠标右键，在弹出的快捷菜单中选择"新用户"命令，在稍后弹出的"新用户"对话框中输入用户名和一个足够复杂的密码，并选中"用户不能更改密码"复选框，如图 6-10 所示。

图 6-10　创建 Administrator 用户

2）单击"创建"按钮后，会发现在用户列表中已经出现了 Administrator 账户，如图 6-11 所示。

图 6-11　Administrator 用户创建成功

3）将新创建的 Administrator 用户添加到 Guests 组中，即在"计算机管理"窗口中选择"系统工具"→"本地用户和组"→"组"选项，在右侧出现的用户列表中单击鼠标右键，在弹出的快捷菜单中选择"添加到组"命令，如图 6-12 所示。

图 6-12　将 Administrator 用户添加到组

4）弹出"选择用户"对话框，单击"高级"按钮，如图 6-13 所示。

5）单击"立即查找"按钮，如图 6-14 所示。在查找到的用户列表中选中 Administrator，然后单击"确定"按钮，出现图 6-15 所示的"Guests 属性"对话框，此时，Administrator 账户已经添加到 Guests 组中了。

图 6-13 "选择用户"对话框

图 6-14 高级"选择用户"对话框

图 6-15 Guest 组中已添加 Administrator 账户

6．本地安全策略设置

为了保证系统安全，可以强制要求密码长度和复杂性等。例如，设置最短密码长度为八个字符，启用本机组策略中的密码必须符合复杂性要求的策略。

1）在"服务器管理器"窗口中选择"工具"→"本地安全策略"选项，打开的"本地安全策略"窗口，如图 6-16 所示。"安全设置"区域中包含账户策略、本地策略、高级安全 Windows 防火墙、网络列表管理器策略、公钥策略、软件限制策略、应用程序控制策略、IP 安全策略和高级审核策略配置。

2）展开"账户策略"，会看到两个文件，一个文件是密码策略，另一个文件是账户锁定策略，如图 6-17 所示。

3）进入"密码策略"界面，如图 6-18 所示。如果里面的策略都是未启用状态，在设置密码时不会有任何的提示。通常，Windows Server 2012 安装后会启用"密码必须符合复杂性要求"策略。密码复杂性要求至少包含以下四类字符中的三类：大写字母、小写字母、数字，以及键盘上的符号（如!、@、#）。

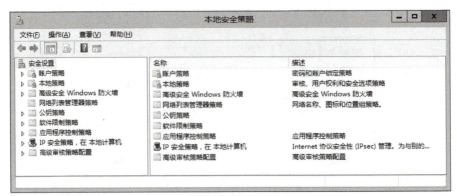

图 6-16 本地安全策略控制台

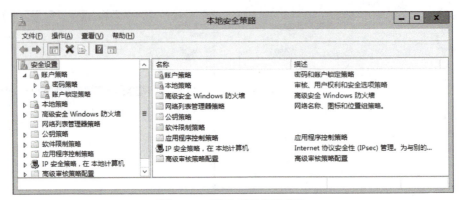

图 6-17 展开"账户策略"

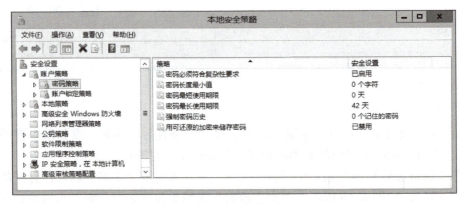

图 6-18 "密码策略"界面

4）要启动"密码必须符合复杂性要求"策略，可选中"密码必须符合复杂性要求"策略，双击进入属性对话框，选择"已启用"单选按钮，单击"确定"按钮，启用该策略，如图 6-19 所示。

5）双击"密码长度最小值"策略，设置密码必须至少是 8 个字符，如图 6-20 所示。

6）验证策略。在"服务器管理器"窗口中选择"工具"→"计算机管理"→"用户和组"→"用户"选项，使用鼠标右键单击"用户"选项，出现图 6-21 所示的快捷菜单，选择"新用户"命令。

7）在弹出的"新用户"对话框中可创建一个新用户，名称是 test2，密码是 123456，如图 6-22 所示。

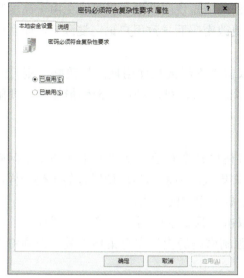

图 6-19　启用"密码必须符合复杂性要求"策略

图 6-20　设置密码长度最小值

图 6-21　使用鼠标右键单击"用户"选项后弹出的快捷菜单

图 6-22　创建新用户 test2

8）单击"创建"按钮后，出现错误提示，如图 6-23 所示。这是因为密码设置为 123456，长度只有 6 位，不符合密码策略中的长度和密码复杂性要求，故而不允许将 123456 设置为 test2 账户的密码。

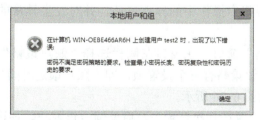

图 6-23　所创建用户的密码不符合要求的提示框

9）设置密码最长使用期限与密码最短使用期限。

设置密码最长使用期限可提醒用户在经过一定时间后更改正在使用的密码，这有助于防止长时间使用固定密码带来的安全隐患。设置密码最短使用期限不仅可避免由于高度频繁地更改密码带来的问题（例如，由于高度频繁地更改密码而导致用户记忆混乱），而且可防止黑客在入侵系统后更改用户密码。

打开"本地安全策略"窗口，在右侧栏中双击"密码最长使用期限"策略，则打开了该项策略的属性对话框，如图 6-24 所示（以类似的方式，可以进行"密码最短使用期限"的设置）。

10）强制密码历史。

强制密码历史安全策略可有效防止用户交替使用几个有限的密码所带来的安全问题。该策略可以让系统记住曾经使用过的密码。若用户更改的新密码与已使用过的密码一样，系统就会给出提示。该安全策略最多可以记录 24 个曾使用过的密码。

打开"本地安全策略"窗口，在右侧栏中双击"强制密码历史"策略，则打开了该项策略的属性对话框，如图 6-25 所示。为了使"强制密码历史"安全策略生效，必须将"密码最短使用期限"的值设置为一个大于 0 的值。

图 6-24　设置密码最长使用期限

图 6-25　设置强制密码历史

11）账户锁定策略。

账户锁定策略可发现账户操作中的异常事件，并对发生异常的账户进行锁定，从而保护账户的安全性。

打开"本地安全策略"窗口，在窗口左侧栏选择"账户策略"→"账户锁定策略"选项，则会在右侧栏中看到该策略有三个设置项，即"账户锁定时间""账户锁定阈值""重置账户锁定计数器"，如图 6-26 所示。

"账户锁定阈值"可设置在几次登录失败后就锁定该账户。该选项能有效防止黑客对该账户密码的穷举猜测。当将"账户锁定阈值"设定为一个非 0 值后，则可以设置"重置账户锁定计数器"和"账户锁定时间"两个安全策略的值。其中，"重置账户锁定计数器"设置了计数器复位为 0 时所经过的分钟数；"账户锁定时间"设置了账户保持锁定状态的分钟数，当时间过后，账户会自动解锁，以确保合法的用户在账户解锁后可以通过使用正确的密码登录系统。

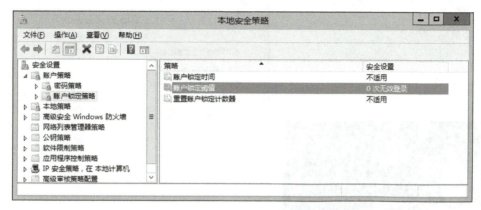

图 6-26　账户锁定策略

将"账户锁定阈值"设置为 3，如图 6-27 所示。"重置账户锁定计数器"与"账户锁定时间"可使用默认值，这里将账户锁定时间设置为 10min，如图 6-28 所示。

图 6-27　设置账户锁定阈值

图 6-28　设置账户锁定时间

测试上述设置是否成功，按 <Ctrl+Alt+Del> 组合键，选择锁定计算机，再使用 Guest 用户登录系统，出现图 6-29 所示的界面则表明设置成功。

如果要解锁被锁定的账户，可以等待锁定时间到后进行自动解锁，或者打开账户的属性对话框，取消选择"账户已锁定"复选框，如图 6-30 所示。

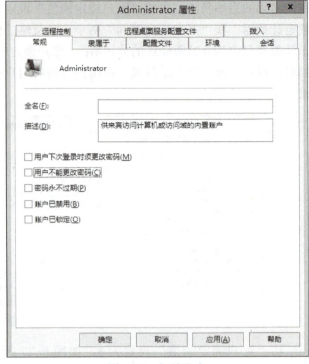

图 6-29　账户被锁定提示　　　　　　　图 6-30　解锁账户

6.2.3　利用 syskey 保护账户信息

syskey 可以使用启动密钥来保护 SAM 文件中的账户信息。默认情况下，启动密钥是一个随机生成的密钥，存储在本地计算机上，这个启动密钥在计算机启动时必须正确输入才能登录系统。

1）按 <Win+R> 组合键，选择"运行"命令，在"运行"对话框中输入 syskey 命令，按 <Enter> 键，会出现"保证 Windows 账户数据库的安全"对话框，也就是 skskey 的设置界面，选择"启用加密"单选按钮，如图 6-31 所示。

2）单击"确定"按钮，会发现操作系统没有任何提示，但是其实已经完成了对 SAM 散列值的二次加密工作。此时，即使攻击者通过另外一个系统进入系统，盗走 SAM 文件的副本或者在线提取密码散列值，副本或散列值对于攻击者也是没有意义的，因为 syskey 提供了安全保护。

3）如果要设置系统启动密码或启动软盘，就要单击对话框中的"更新"按钮，弹出图 6-32 所示的对话框。

若想设置系统启动时的密码，可以选择"密码启动"单选按钮，并在文本框中输入设置密码。若先制作启动盘，可以依次选择"系统产生的密码"和"在软盘上保存启动密钥"单选按钮。若想保存一个密码作为操作系统的一部分，在系统开始时不需要任何交互操作，可依次选择"系统产生的密码"和"在本机上保存启动密钥"单选按钮。

当然，要防止黑客进入系统后对本地计算机上存储的启动密钥进行暴力搜索，还是建议将启动密钥存储在软盘或移动硬盘上,实现启动密钥与本地计算机的分离。

图 6-31　启用加密

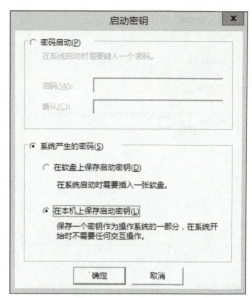

图 6-32　"启动密钥"对话框

6.2.4　设置审核策略

系统日志是记录系统中硬件、软件和系统问题的信息,还可以监视系统中发生的事件。用户可以通过它来检查错误发生的原因,或者寻找受到攻击时攻击者留下的痕迹。

6.2.4　设置审核策略

Windows 网络操作系统有各种各样的日志文件,如应用程序日志、安全日志、系统日志、Scheduler 服务日志、FTP 日志、WWW 日志、DNS 服务器日志等。日志根据系统开启的服务的不同而有所不同。用户在系统上进行一些操作时,这些日志文件通常会记录下人们操作的一些相关内容,这些内容对系统安全工作人员相当有用。例如,有人对系统进行了 IPC 探测,系统就会在安全日志里迅速地记录探测者探测时所用的 IP、时间、用户名等;用 FTP 探测后,就会在 FTP 日志中记录 IP、时间、探测所用的用户名等。

1)在"服务器管理器"窗口中选择"工具"→"本地安全策略"→"审核登录事件"选项,启动"审核登录事件",勾选"成功"和"失败"复选框,设置为成功和失败都要审核,如图 6-33 所示。

2)在"服务器管理器"窗口中选择"工具"→"组策略"选项,启用组策略中对 Windows 系统的审核策略更改,勾选"成功"和"失败"复选框,设置成功和失败都要审核,如图 6-34 所示。

3)进入"审核对象访问",勾选"成功"和"失败"复选框,如图 6-35 所示。

4)在"服务器管理器"窗口中选择"工具"→"组策略"选项,启用组策略中对 Windows 系统的审核目录服务访问,勾选"成功"和"失败"复选框,设置成功和失败都要审核,如图 6-36 所示。

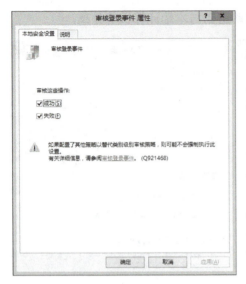

图 6-33 审核登录事件

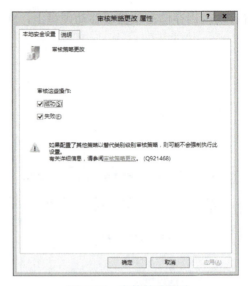

图 6-34 审核策略更改

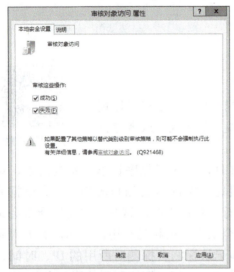

图 6-35 审核对象访问

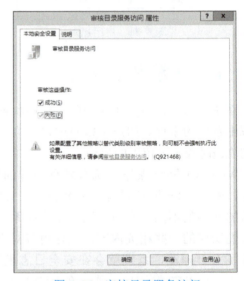

图 6-36 审核目录服务访问

5）在"服务器管理器"窗口中选择"工具"→"组策略"选项，启用组策略中对 Windows 系统的审核特权使用，成功和失败都要审核，如图 6-37 所示。

6）在"服务器管理器"窗口中选择"工具"→"组策略"选项，启用组策略中对 Windows 系统的审核系统事件，成功和失败都要审核，如图 6-38 所示。

7）在"服务器管理器"窗口中选择"工具"→"组策略"选项，启用组策略中对 Windows 系统的审核账户管理，勾选"成功"和"失败"复选框，设置成功和失败都要审核，如图 6-39 所示。

8）在"服务器管理器"窗口中选择"工具"→"组策略"选项，启用组策略中对 Windows 系统的审核过程跟踪，勾选"成功"和"失败"复选框，设置成功和失败都要审核，如图 6-40 所示。

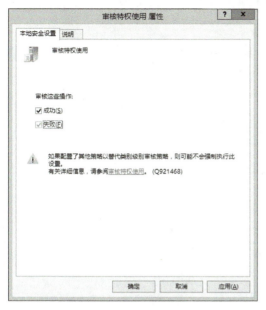

图 6-37　审核特权使用

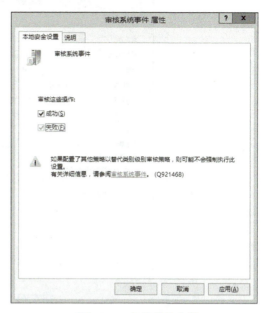

图 6-38　审核系统事件

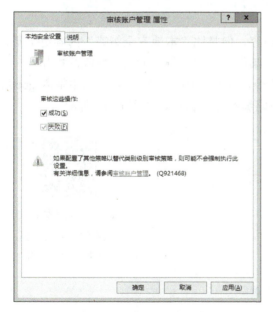

图 6-39　审核账户登录事件

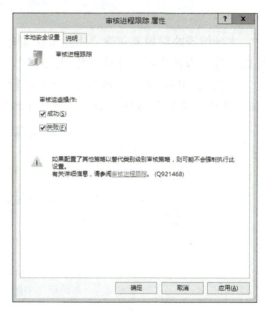

图 6-40　审核过程跟踪

9）应用日志文件大小可以进行改变，当达到最大的日志尺寸时，可设置按需要改写事件。在"服务器管理器"窗口中选择"工具"→"事件查看器"选项，再分别选择"应用程序""安全性""系统"三个选项，分别单击鼠标右键，选择"属性"命令，在打开的属性对话框中设置日志大小，以及设置当达到最大的日志大小时的相应策略，如图 6-41 所示。日志默认最大值为 20GB。

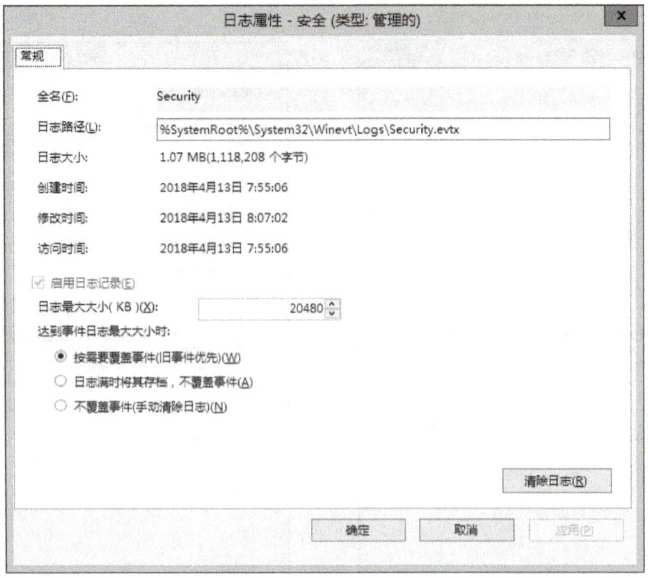

图 6-41 日志属性设置

6.2.5 使用本地组策略编辑器对计算机进行安全配置

本地组策略编辑器包含"本地安全策略"内容，但是比"本地安全策略"内容更丰富，可以设置拒绝指定用户登录，禁用注册表，以及禁用很多对系统可能造成危险的操作。

首先按 <Win+R> 组合键，选择"运行"命令，在弹出的"运行"对话框中输入 gpedit.msc，单击"确定"按钮，即可打开"本地组策略编辑器"窗口，如图 6-42 所示。

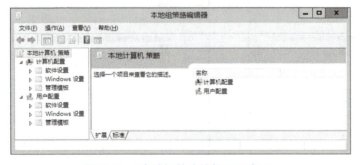

6.2.5 使用本地组策略编辑器对计算机进行安全配置

图 6-42 "本地组策略编辑器"窗口

下面的四种安全配置将在"本地组策略编辑器"窗口中完成。

1. 禁止指定账户在本机登录

当人们暂时离开工作所用的计算机时，可能打开的文档还在处理之中，为了避免其他人动用所用的计算机，一般会将所用的计算机锁定，但是，由于计算机处于局域网环境，可能已在本地计算机上创建了一些来宾账户，以方便他人的网络登录需求。但是其他人也可以利用这些来宾账户注销当前账户并进行本地登录，这样会对当前的文档处理工作造成影响。

为了解决该问题，可以通过"本地组策略编辑器"来禁止一些来宾账户的本地登录，仅保留他们的网络登录权限。

1）在"本地组策略编辑器"窗口的左侧栏中选择"计算机配置"→"Windows 配置"→"安全配置"→"本地策略"→"用户权限分配"选项，在右侧栏中出现"拒绝本地登录"策略，如图 6-43 所示。双击"拒绝本地登录"策略，弹出"拒绝本地登录 属性"对话框，如图 6-44 所示。

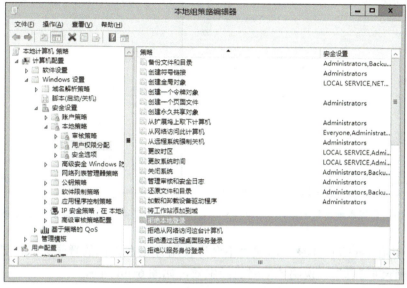

图 6-43　本地安全登录窗口

2）在该对话框中单击"添加用户或组"按钮，弹出"选择用户或组"对话框，如图 6-45 所示。然后单击左下方的"高级"按钮，在弹出的高级对话框中单击左侧的"立即查找"按钮，则会在对话框下方显示出本地计算机的所有账户，如图 6-46 所示。选中所需的账户 test，单击"确定"按钮，则将 test 用户加入禁止登录的账户列表中，如图 6-47 所示。

图 6-44　"拒绝本地登录 属性"对话框

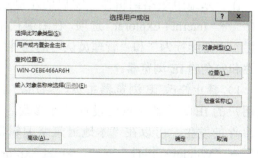

图 6-45　"选择用户或组"对话框

图 6-46　查找本地计算机的所有账户

图 6-47　禁止 test 账号进行本地登录

3）此时使用 test 账户登录，出现"不允许使用你正在尝试的登录方式。请联系你的网络管理员了解详细信息"，说明该策略已经生效，如图 6-48 所示。

图 6-48　测试 test 用户是否可登录

2．IE 浏览器的安全设置

在"本地组策略编辑器"窗口的左侧选择"用户配置"→"管理模板"→"Windows 组件"→"Internet Explorer"选项，在右侧栏中会出现"Internet 控制面板""浏览器菜单""工具栏""持续行为"和"管理员认可的控件"等策略选项。利用它们可以充分打造一个极有个性和安全的 IE 浏览器。

1）禁止修改 IE 浏览器主页。当用户上网时，一些恶意网站通过自身的恶意代码会对用户的 IE 浏览器主页的设置进行修改，从而对用户的上网行为造成影响。为了避免此类事件的发生，可以在"本地组策略编辑器"窗口的左侧选择"用户配置"→"管理模板"→"Windows 组件"→"Internet Explorer"选项，如图 6-49 所示。

图 6-49　在左侧栏中选择"Internet Explorer"选项

2）在右侧栏中双击"禁用更改主页设置"策略，在弹出的对话框中选中"已启用"单选按钮，并单击"确定"按钮即可，如图 6-50 所示。

图 6-50　启用"禁用更改主页设置"策略

3．禁用注册表

1）在"本地组策略编辑器"窗口的左侧栏中选择"用户配置"→"管理模板"→"系统"选项，在右侧栏中会出现"阻止访问注册表编辑工具"选项，如图 6-51 所示。

图 6-51 "阻止访问注册表编辑工具"选项

2)双击"阻止访问注册表编辑工具"选项,在打开的对话框中可以看到默认选项是"未配置",选中"已启用"单选按钮,将"是否禁用无提示运行 regedit"选择"是",如图 6-52 所示。

3)回到系统中,在"运行"对话框中输入 regedit 命令打开注册表,会出现"注册表编辑已被管理员禁用"的提示,如图 6-53 所示,表示已经成功禁用了注册表。如果需要再启动注册表,在"阻止访问注册表编辑工具"对话框中选择"未配置"单选按钮即可。

图 6-52 启用"阻止访问注册表编辑工具"

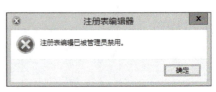

图 6-53 禁用注册表

4. 禁用记事本

1)在"本地组策略编辑器"窗口的左侧选择"用户配置"→"管理模板"→"系统"

选项,在右侧栏中会出现"不运行指定的 Windows 应用程序"选项,如图 6-54 所示。

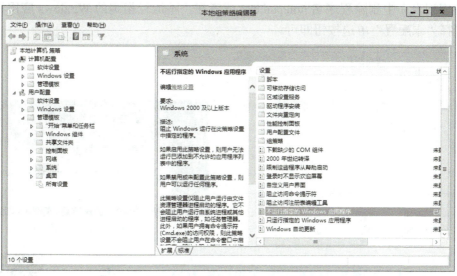

图 6-54 "不运行指定的 Windows 应用程序"选项

2)双击"不运行指定的 Windows 应用程序"选项,在打开的对话框中可以看到默认选项是"未配置",选中"已启用"单选按钮,如图 6-55 所示。

图 6-55 启用"不运行指定的 Windows 应用程序"

3)在"选项"区域中有"不允许的应用程序列表",单击"显示"按钮,在弹出的"显示内容"对话框中输入应用程序的名称,如禁止使用记事本程序,则输入记事本的程序名 notepad.exe,如图 6-56 所示。

4)回到系统中,打开记事本文件,会出现"限制"提示框,如图 6-57 所示,表示已经成功禁用了记事本程序。如果需要再启动记事本，直接在"显示内容"对话框的"不允许的应用程序列表"中删除程序名 notepad.exe 或者在"不运行指定的 Windows 应用程序"对话框中选择"未配置"单选按钮即可。

图 6-56 添加禁用的程序名

图 6-57 "限制"提示框

6.2.6 通过过滤 ICMP 报文阻止 ICMP 攻击

6.2.6 通过过滤 ICMP 报文阻止 ICMP 攻击

很多针对 Windows Server 2012 系统的攻击是通过攻击 ICMP 报文的漏洞实现的。如 ping of death 攻击。下面通过安全配置来过滤 ICMP 报文，从而阻止 ICMP 攻击。验证的方法是在做过滤之前，可以 ping 通 192.168.51.196 这台服务器，当规则应用以后，就 ping 不通这台服务器了。

6.2.6 使用常用命令

1．打开"本地安全策略"窗口

在"服务器管理器"窗口中打开"工具"，双击"本地安全策略"选项，从而打开"本地安全策略"窗口，如图 6-58 所示。

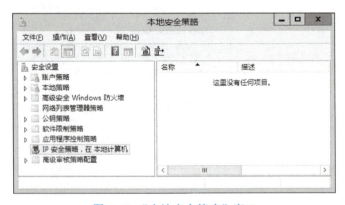

图 6-58 "本地安全策略"窗口

2．ICMP 过滤规则的添加

1）在"本地安全策略"窗口中，使用鼠标右键单击"IP 安全策略，在本地计算机"，并从弹出的快捷菜单中选择"管理 IP 筛选器列表和筛选器操作"命令，从而弹出"管理 IP

筛选器列表和筛选器操作"对话框，如图 6-59 所示。

2）在该对话框中选择"管理筛选器操作"选项卡，取消选中"使用'添加向导'"复选框，单击左下方的"添加"按钮，弹出"新筛选器操作属性"对话框，如图 6-60 所示。在该对话框的"安全方法"选项卡中选择"阻止"单选按钮。

图 6-59 "管理 IP 筛选器列表和筛选器操作"对话框　　图 6-60 "新筛选器操作属性"对话框

3）打开"常规"选项卡，在"名称"框中输入"防止 ICMP 攻击"，如图 6-61 所示。单击"确定"按钮后出现图 6-62 所示的对话框。

图 6-61 "常规"属性设置　　图 6-62 创建了筛选器后的"管理 IP 筛选器列表和筛选器操作"对话框

4）在"管理 IP 筛选器列表和筛选器操作"对话框的"管理筛选器操作"选项卡中，取消选中右下方的"使用'添加向导'"复选框，然后单击左下方的"添加"按钮，弹出"IP

筛选器列表"对话框，在"名称"文本框中输入"防止 ICMP 攻击"，如图 6-63 所示。

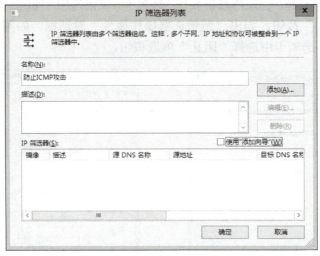

图 6-63　输入筛选器名称

5）单击右侧的"添加"按钮，弹出"IP 筛选器属性"对话框。在该对话框中，"源地址"选择"任何 IP 地址"，"目标地址"选择"我的 IP 地址"，如图 6-64 所示。在"协议"选项卡中，"选择协议类型"选择 ICMP，如图 6-65 所示，然后单击"确定"按钮，设置完毕。

6）此时可以看到"IP 筛选器列表"对话框中已经增加了一条规则，显示目的地址和源地址设置等详细信息，如图 6-66 所示。再单击"确定"按钮，回到"管理 IP 筛选器列表和筛选器操作"对话框，"防止 ICMP 攻击"筛选器创建完成，如图 6-67 所示。这样就设置了一个关注所有人进入 ICMP 报文的过滤策略和丢弃所有报文的过滤操作了。

图 6-64　设置"地址"

图 6-65　设置"协议"

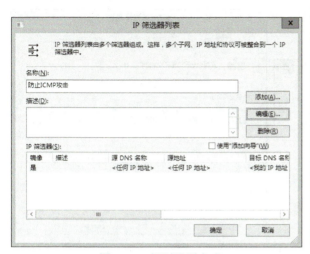

图 6-66　规则设置完成

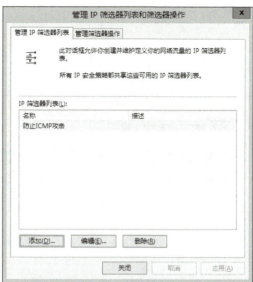

图 6-67　IP 筛选器设置完成

3．添加 ICMP 过滤器

1）在"本地安全策略"对话框中，使用鼠标右键单击"IP 安全策略，在本地计算机"选项，在弹出的快捷菜单中选择"创建 IP 安全策略"命令，则弹出"IP 安全策略向导"，欢迎界面如图 6-68 所示。单击"下一步"按钮，在"IP 安全策略名称"界面的"名称"文本框中输入"ICMP 过滤器"，如图 6-69 所示。

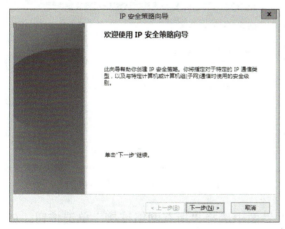

图 6-68　"IP 安全策略向导"欢迎界面　　　　　图 6-69　为 IP 安全策略命名

2）单击"下一步"按钮，在"安全通讯请求"界面中使用默认选项，如图 6-70 所示。单击"下一步"按钮，在"正在完成 IP 安全策略向导"界面中单击"完成"按钮，出现"ICMP 过滤器属性"对话框，如图 6-71 所示。

3）单击"添加"按钮，出现"安全规则向导"，欢迎界面如图 6-72 所示。单击"下一步"按钮，在"隧道终结点"界面中使用默认选项"此规则不指定隧道"，如图 6-73 所示。

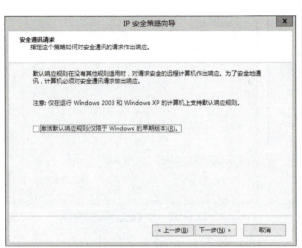

图 6-70 "安全通讯请求"界面

图 6-71 "ICMP 过滤器 属性"对话框

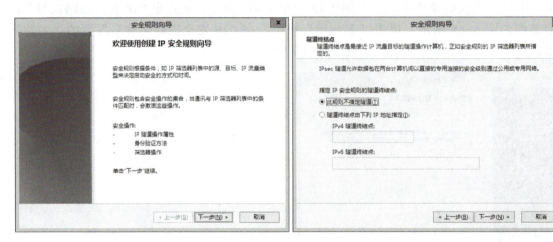

图 6-72 "安全规则向导"欢迎界面　　　　图 6-73 "隧道终结点"界面

4）单击"下一步"按钮，在"网络类型"界面中选择"所有网络连接"单选按钮，如图 6-74 所示。单击"下一步"按钮，在"IP 筛选器列表"界面中选中"防止 ICMP 攻击"选项，如图 6-75 所示。

5）单击"下一步"按钮，在"筛选器操作"界面中选择"防止 ICMP 攻击"选项，如图 6-76 所示。单击"下一步"按钮，出现"正在完成安全规则向导"界面，如图 6-77 所示。

6）单击"完成"按钮，可以看到创建了一条"防止 ICMP 攻击"规则，如图 6-78 所示。单击"确定"按钮，在"本地安全策略"窗口中出现了"ICMP 过滤器"，如图 6-79 所示。

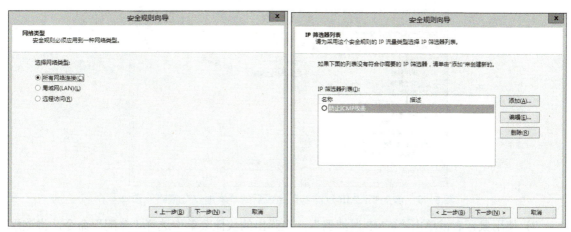

图 6-74 "网络类型"界面　　　　　图 6-75 "IP 筛选器列表"界面

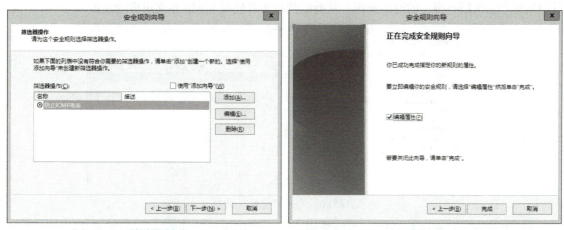

图 6-76 "筛选器操作"界面　　　　图 6-77 "正在完成安全规则向导"界面

图 6-78　创建规则完成

图 6-79　添加"ICMP 过滤器"完成后的"本地安全策略"窗口

7）使用鼠标右键单击"ICMP 过滤器"，在弹出的快捷菜单中选择"分配"命令，将该规则进行分配，不然不会生效，如图 6-80 所示。这样就完成了一个所有进入系统的 ICMP 报文的过滤策略和丢失所有报文的过滤操作，从而阻挡攻击者使用 ICMP 报文进行的攻击。

图 6-80　选择"分配"命令

8）规则设置后要进行验证，在设置规则前，使用客户机能够 ping 通服务器，规则设置完成并进行分配后，就不能 ping 通服务器了，说明规则生效，如图 6-81 所示。

图 6-81　规则测试

本小节中的内容展示了如何在 Windows 系统中删除和卸载系统服务，如何利用组策略对系统进行安全加固，以及如何应对 DoS 攻击以及如何设置过滤策略来阻止 ICMP 报文的攻击。读者可综合利用上述方法对系统进行灵活配置。

6.2.7 删除默认共享

为了方便用户，在安装 Windows 操作系统时，默认共享了所有的磁盘。这样做虽然方便了用户，但是也存在安全隐患，如果某个用户取得了系统的用户名和密码，那么除了使用共享的资源外，也可以使用默认共享浏览计算机中的全部磁盘内容。

查看默认共享的方法：打开"服务器管理器"窗口，选择"计算机管理（本地）"→"共享文件夹"→"共享"选项，可以看到系统中的所有共享，如图 6-82 所示。其中，share 文件夹是以正常方式进行的共享，而带"$"符号的共享就是默认共享，如 C$、E$、IPC$ 和 ADMIN$。

图 6-82　查看共享

访问默认共享的方法：在"运行"对话框中输入 \\192.168.51.196\c$，输入合法的用户名和密码后就可以看到 C 盘上所有的内容，如图 6-83 所示。

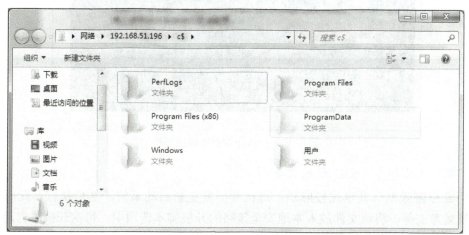

图 6-83　访问默认共享

为了系统安全,必须要删除默认共享,有很多种方法可以删除默认共享。

1. 直接删除默认共享

在图 6-82 中,使用鼠标右键单击默认共享,在弹出的快捷菜单中选择"停止共享"命令,即可删除默认共享,如图 6-84 所示。

图 6-84 直接删除默认共享

2. 使用命令删除默认共享

在命令提示符中输入命令 net share C$ /del,即可删除 C 盘的默认共享。如果有用户已经连接到该共享上,则会提示用户是否继续删除操作,如图 6-85 所示。

图 6-85 使用命令删除默认共享

3. 使用批处理方式删除默认共享

使用命令删除默认共享比较麻烦,每次都需要重新启动系统,然后执行。此时可以编写一个批处理文件,将该文件放入本地安全策略的开机脚本选项中。每次开机时自动执行该批处理文件,自动删除默认共享。

1）使用记事本编写一个文件，文件名称为 delshare.bat，文件内容如下。

net share C$ /del
net share E$ /del
net share F$ /del

2）按下 <Win+R> 组合键，选择"运行"命令，在弹出的"运行"对话框中输入 gpedit.msc，单击"确定"按钮，即可打开"本地组策略编辑器"窗口，选择"计算机配置"→"Windows 配置"→"脚本（启动/关机）"选项，如图 6-86 所示。

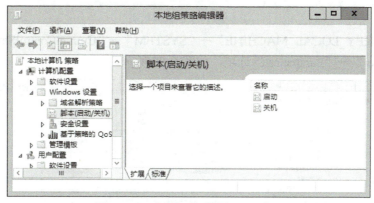

图 6-86 "本地组策略编辑器"窗口

3）双击"启动"选项，打开图 6-87 所示的对话框，单击左下角的"显示文件"按钮，将编写好的批处理文件复制打开的对话框中，如图 6-88 所示。在"启动　属性"对话框中单击"确定"按钮后完成设置，系统下次启动时会自动删除 C 盘、E 盘和 F 盘的默认共享。

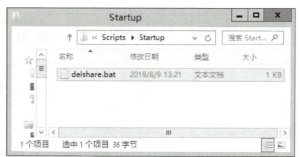

图 6-87 "启动　属性"对话框　　　　图 6-88 复制批处理文件

4. 使用注册表删除默认共享

1）按下 <Win+R> 组合键，选择"运行"命令，在弹出的"运行"对话框中输入 regedit，打开注册表编辑器，如图 6-89 所示。

图 6-89　注册表编辑器

2）选择"HKEY_LOCAL_MACHINE"→"SYSTEM"→"CurrentControlSet"→"Services"→"LanmanServer"→"Parameters"选项，如图 6-90 所示。

图 6-90　找到"Parameters"选项

3）使用鼠标右键单击"Parameters"，在弹出的快捷菜单中选择"新建"→"DWORD（32 位）值"命令，如图 6-91 所示。设置新建的键值名称是 AutoShareServer，值为 0，如图 6-92 所示。

4）关闭注册表编辑器，重新启动服务器后，Windows 将关闭磁盘的默认共享。

图 6-91　新建键值

图 6-92　设置名称及值

6.2.8　数据保密与安全

1．EFS 概述

EFS 是 Windows 特有的一个实用功能，可对 NTFS 卷上的文件和数据直接加密保存，在很大程度上提高了数据的安全性。

EFS 加密是基于公钥策略的。在使用 EFS 加密一个文件或文件夹时，系统首先会生成一个由伪随机数组成的 FEK（File Encryption Key，文件加密密钥），然后利用 FEK 和数据扩展标准 X 算法创建加密后的文件，并把它存储到硬盘上，同时删除未加密的原始文件。随后系统利用公钥加密 FEK，并把加密后的 FEK 存储在同一个加密文件中。而在访问被加密的文件时，系统首先利用当前用户的私钥解密 FEK，然后利用 FEK 解密出文件。在首次使用 EFS 时，如果用户还没有公钥/私钥对（统称为密钥），则会首先生成密钥，然后加密数据。如果登录到了域环境中，那么密钥的生成依赖于域控制器，否则依赖于本地机器。

2．EFS 加密方法

选中 NTFS 分区中的一个文件，单击鼠标右键，选择"属性"命令，在出现的对话框中选择"常规"选项卡，然后单击"高级"按钮，在出现的对话框中选中"加密内容以便保护数据"复选框，单击"确定"按钮即可。

此时可以发现，加密文件名变成了绿色，其他用户登录系统后，当打开该文件时，就会出现"拒绝访问"的提示，这表示 EFS 加密成功。而如果想取消该文件的加密，只需取消选项"加密内容以便保护数据"复选框即可。

1）在 C 盘建立一个文件夹，名称为加密测试，在该文件夹中建立两个文件，分别是 test.txt 和图形 .bmp。这两个文件内容不能为空白。

2）使用鼠标右键单击加密测试文件夹，选择"高级"命令，打开"高级属性"对话框，选择"加密内容以便保护数据"复选框，如图 6-93 所示。

3）单击"确定"按钮，返回新建文件夹属性对话框，再单击"应用"按钮，出现图 6-94 所示的对话框，选择"将更改应用于该文件夹、子文件夹和文件"单选按钮即可。

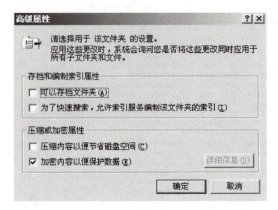

图 6-93 "高级属性"对话框

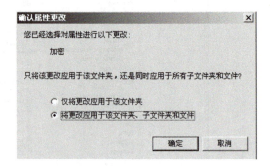

图 6-94 "确认属性更改"对话框

4）单击"确定"按钮后，加密生效。返回文件目录查看，可以看出一些不同，加密的文件夹名称是绿色的，同时还可以看到"属性"栏里文件的属性变成"AE"，表示这是加密文件，如图 6-95 所示。

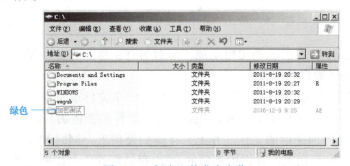

图 6-95 加密文件发生变化

5）将系统注销，使用一个普通账户登录，打开加密的文件，如 test.txt，若出现"拒绝访问"提示，则说明文件已经成功加密，如图 6-96 所示。

图 6-96 加密成功

6）如果需要解密文件，在图 6-93 中取消选择"加密内容以便保护数据"复选框即可。

3．添加快捷方式

可以将"加密"或"解密"项添加到右键快捷菜单中，这样用户操作起来会更方便、快捷。

1）选择"开始"→"运行"选项，在弹出的对话框中输入 regedit，打开注册表，找到子键 HKEY_LOCAL_MACHINE\SOFTWARE\Microsoft\Windows\CurrentVersion\Explorer\Advanced，在其中新建一个 DWORD 值 EncryptionContextMenu，如图 6-97 所示。

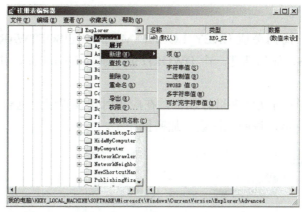

图 6-97 新建 DWORD 值 EncryptionContextMenu

2）将 EncryptionContextMenu 键值设置为 1，表示添加快捷方式，如图 6-98 所示。

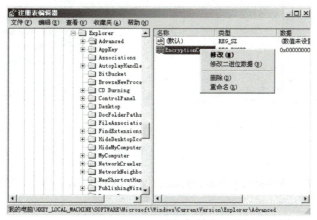

图 6-98 设置键值为 1

3）设置完成后，关闭注册表编辑器。使用鼠标右键单击文件夹，如果此文件夹没有加密，则弹出的快捷菜单中会增加"加密"命令；如果文件夹已经加密，则显示"解密"命令，如图 6-99 所示。只有 NTFS 格式的分区才能使用"加密""解密"功能。

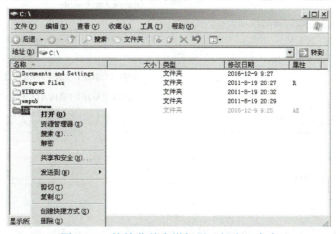

图 6-99 快捷菜单中增加了"解密"命令

4. 禁用 EFS 功能

1）打开注册表，找到键值 HKEY_LOCAL_MACHINE\SOFTWARE\Microsoft\Windows NT\CurrentVersion\EFS，然后新建一个 DWORD 值 EfsConfiguration，并将该键值设置为 1，如图 6-100 所示。

2）使用同样的方法对文件夹进行加密，在应用时出现提示"这台机器已为文件加密而停用"，如图 6-101 所示，说明无法进行加密操作了。

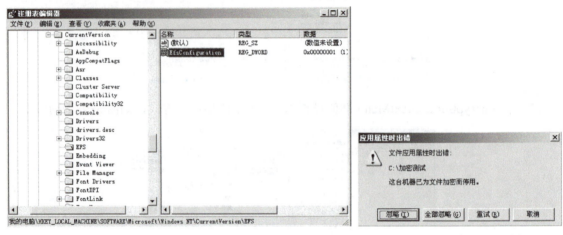

图 6-100　新建键值 EfsConfiguration　　　　图 6-101　禁用 EFS 功能

5. 使用 Microsoft Private Folder 加密文件夹

1）准备好安装包 microsoft private floder.msi，双击安装，进入欢迎界面，如图 6-102 所示。

2）单击"Next"按钮，进行正常的安装。

3）单击"Next"按钮，选择"I Agree"单选按钮，如图 6-103 所示。

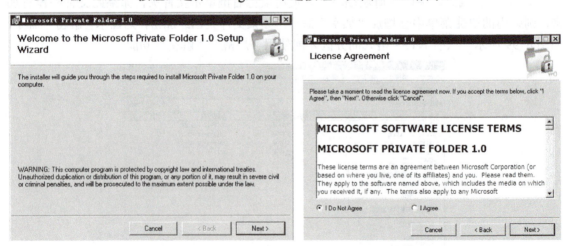

图 6-102　欢迎界面　　　　　　　　　图 6-103　同意条款界面

4）单击"Next"按钮后，进入安装路径选择界面，如图 6-104 所示。如果需要自定义路径,可单击"Browse"按钮来进行。

5)继续单击"Next"按钮,准备安装界面如图 6-105 所示。依次单击"Next"按钮,直至完成安装。最后退出安装界面。

6)单击"Yes"按钮,重新启动操作系统,使配置生效,如图 6-106 所示。

7)完成安装后,桌面上有一个 My Private Folder 图标,说明已经安装成功。

8)双击 My Private Folder 图标,在打开的界面中单击"下一步"按钮,出现欢迎界面,如图 6-107 所示。

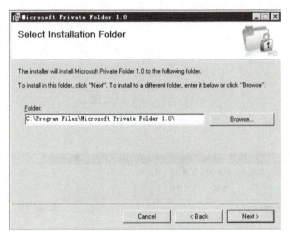

图 6-104　安装路径界面　　　　　　　图 6-105　准备安装界面

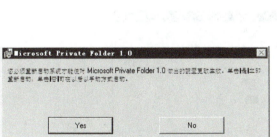

图 6-106　重启计算机使配置生效

图 6-107　My Private Folder 欢迎界面

9)设置密码为 123456789,密码强度为中等,如图 6-108 所示。

10)单击"下一步"按钮,在弹出的界面中单击"完成"按钮完成配置,界面如图 6-109 所示。

11)双击桌面上的 My Private Folder 图标,出现输入密码对话框,如图 6-110 所示。

12)在"Input Password"文本框中输入密码 123456789,单击"OK"按钮,打开主界面,如图 6-111 所示。进入主界面后，可以看到里面有一个文件 Desktop.ini，这是配置文件。

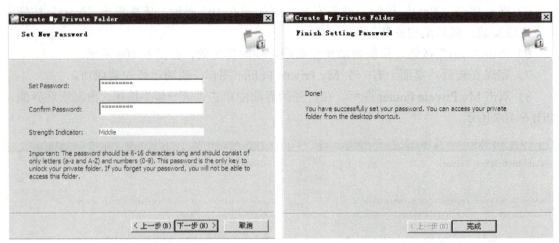

图 6-108　设置密码　　　　　　　　　图 6-109　完成配置界面

图 6-110　输入密码对话框　　　　　　图 6-111　主界面

13）可以将计划保存的一些文件放入 My Private Folder，例如，将文件夹 lcx 放入其中，如图 6-112 所示。

图 6-112　存放要保存的文件

14）因为已经输入了密码，所以现在该文件夹还没有上锁。如果不想让别人看到，则需要设置为上锁状态。使用鼠标右键单击 My Private Folder 图标，选择 Lock 命令，即对文件进行了上锁处理。

15）如果要打开文件，可双击 My Private Folder 图标，需要输入密码才能成功打开文件夹，如图 6-113 所示。如果密码错误，则提示错误，如图 6-114 所示。

图 6-113 输入密码解锁

图 6-114 密码错误提示

6.3 Linux 安全技术

6.3.1 使用 PuTTY 工具远程连接实验主机

6.3.1 使用 PuTTY 工具远程连接实验主机

系统安全始终是信息网络安全的一个重要方面,攻击者往往通过控制操作系统来破坏系统和信息,或扩大已有的破坏。对操作系统进行安全加固就可以减少攻击者的攻击机会。

PuTTY 是一个小而精悍的 Linux 服务器远程控制工具,Linux 自带 SSH 服务。开启 SSH 服务后,就可以使用 PuTTY 远程控制 Linux 服务器,在使用 PuTTY 登录时要记得选中 SSH,否则是无法远程登录的。本次实验中,远程登录方式采用的都是 SSH 方式,下面将不再特别说明。

1. 设置 IP 地址

首先设置 Linux 服务器的 IP 地址为 192.168.51.196,可与 Windows 7 机器 ping 通。

2. 连接 Linux 服务器

1) 在 Windows 7 中,通过双击打开 PuTTY 软件,输入目标服务器的 IP 地址 192.168.51.196,并选择 SSH 单选按钮,如图 6-115 所示。

2) 出现提示对话框,单击"是"按钮,如图 6-116 所示。

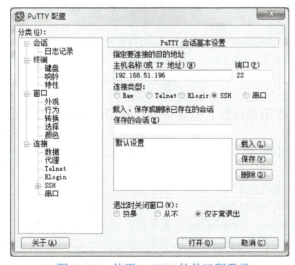

图 6-115 使用 PuTTY 软件远程登录

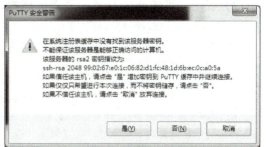

图 6-116 提示对话框

3）在随后出现的登录界面，按提示依次输入用户名 root，密码 lllkkk，能够使用 root 账号登录目标主机，如图 6-117 所示。

4）使用命令 useradd test 添加一个账号 test，并使用命令 passwd test 为这个账号设置密码，密码可以随意设置，如图 6-118 所示。

图 6-117　成功远程登录 Linux 服务器

5）使用新建立的用户 test，通过 PuTTY 软件，成功登录到 Linux 服务器，如图 6-119 所示。

图 6-118　添加 test 账户

图 6-119　使用 test 登录 Linux 服务器

6.3.2　禁止 root 账户远程登录

在 Linux 系统中，计算机安全系统建立在身份验证机制上。如果 root 口令被盗，那么系统将会受到侵害，尤其在网络环境中，后果更不堪设想。因此限制 root 用户远程登录，对保证计算机系统的安全具有实际意义。

6.3.2　禁止 root 账户远程登录

1．sshd_config 配置文件

sshd_config 配置文件是服务器守护进程配置文件，存放在目录 /etc/ssh 中。sshd_config 配置文件包括五部分内容，主要有 SSH Server 的整体设置、说明主机的 Private Key 放置的档案、定义登录文件的信息数据放置与 daemon 的名称、安全设定项目、SFTP 服务的设定项目。

1）SSH Server 的整体设置，包含使用的端口等信息。

Port 22　　　　　　　#SSH 预设使用 22 这个端口，用户也可以设置使用其他端口

Protocol 2,1　# 选择的 SSH 协议版本，可以是 1，也可以是 2，如果要同时支持两者，使用","号进行分隔

ListenAddress 0.0.0.0　# 指定监听的主机。0.0.0.0 表示监听任何主机；如果需要监听特定主机，则输入特定 IP 地址；如果需要监听 192.168.51.96，则修改为 ListenAddress 192.168.51.96

LoginGraceTime 600　# 当使用者连接上 SSH Server 之后，会出现输入密码的界面，该参数表示在该界面中，如果 600s 没有进行连接就断开

2）说明主机的 Private Key 放置的档案，使用系统默认值就可以，不用进行修改设置。

#HostKey for protocol version 1

HostKey /etc/ssh/ssh_host_key　#SSH version 1 使用的私钥

#HostKeys for protocol version 2

HostKey /etc/ssh/ssh_host_rsa_key #SSH version 2 使用的 RSA 私钥

HostKey /etc/ssh/ssh_host_dsa_key #SSH version 2 使用的 DSA 私钥

KeyRegenerationInterval 1h # version 1 使用 SSH Server 的 Public Key，如果这个 Public Key 被窃取，那么系统安全存在很大的安全隐患，所以每隔一段时间就需要重新建立一次，这个参数就是这个重新建立的时间间隔

ServerKeyBits 768 # 设定 Server Key 的长度

3）定义登录文件的信息数据放置与 deamon 的名称。

SyslogFacility AUTH # 当用户使用 SSH 登录系统时，SSH 会记录信息，这个信息记录的位置默认是用 AUTH 来设定的，即 /var/log/secure

4）安全设定项目。

① 登录设定部分。

PermitRootLogin yes # 是否允许 root 远程登录，默认是允许的，为了系统安全，建议设置成 no

StrictModes yes # 当使用者的 Host Key 改变之后，Server 就不进行联机，这个设置可以抵御部分木马程序

RSAAuthentication yes # 是否使用纯的 RAS 认证，仅针对 version 1

PubkeyAuthentication yes # 是否允许 Public Key，默认是允许的，适用于 version 2

AuthorizedKeysFile   .ssh/authorized_keys # 如果账号不需要使用密码就可登录到 SSH Server，那么该参数指定账号的存放档案名称

② 认证部分。

RhostsRSAAuthentication no # 本机系统不是只使用 .rhosts，因为仅使用 .rhosts 太不安全，所以这里一定要设置为 no

IgnoreRhosts yes # 是否取消使用 .rhosts 来作为认证，选择是，可增强系统安全性

PasswordAuthentication yes # 是否需要进行密码验证，默认必须进行密码验证，为了系统安全性，登录时需要使用密码

PermitEmptyPasswords no # 是否允许空密码登录，默认不允许

ChallengeResponseAuthentication no # 挑战任何的密码认证。任何 login.conf 规定的认证方式均可适用

③ 与 Kerberos 有关的参数设定，因为系统中没有 Kerberos 主机，所以使用默认值即可。

Kerberos options

#KerberosAuthentication no

#KerberosOrLocalPasswd yes

#KerberosTicketCleanup yes

#KerberosGetAFSToken no

④ 有关 X-Windows 使用的相关规定。

X11Forwarding yes

#X11DisplayOffset 10

#X11UseLocalhost yes

⑤ 登录后的项目。

PrintMotd yes # 登录后是否显示一些信息，如上次登录的时间、地点等，默认是 yes。为了安全，可以设置为 no

2．项目实施

1）运行 PuTTY 工具，以 root 用户登录到 Linux 服务器中，使用命令 vi 打开配置文件 /etc/ssh/sshd_config，如图 6-120 所示。

图 6-120　打开配置文件

2）找到 #PermitRootLogin yes 这一行，做如下修改，将注释符号 "#" 去掉，修改 "yes" 为 "no"，最终修改该行为 PermitRootLogin no，保存并关闭 sshd_config，如图 6-121 所示。

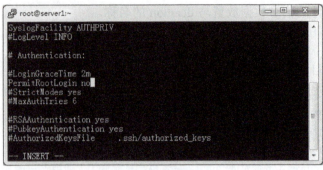

图 6-121　修改配置文件

3）使用命令 service ssh restart 重启 SSH 服务，如图 6-122 所示。

4）使用 PuTTY 工具以 root 账号方式登录到实验目标主机，会发现系统显示"Access denied"信息，如图 6-123 所示，说明 root 账号已经无法登录。

图 6-122　重启 SSH 服务　　　　　　　　图 6-123　root 账号无法登录

5）关闭当前的 PuTTY 工具窗口，重新运行 PuTTY 工具，使用前面创建的 test 用户登录实验目标主机，使用 su 命令，并按照提示输入 root 密码，转换到 root 用户身份，如图 6-124 所示。

6）使用 vi 命令修改 /etc/ssh/sshd_config 文件，将刚才修改的那行配置 PermitRootLogin no 还原为 #PermitRootLogin yes，如图 6-125 所示。

图 6-124　使用 test 登录　　　　　　　　图 6-125　还原配置文件

7）重启 SSH 服务，关闭当前的 PuTTY 工具窗口，重新运行 PuTTY 工具，以 root 用户登录到 Linux 服务器，此时显示登录成功。通过配置策略，可以成功限制系统 root 账户的登录。

6.3.3　配置策略增加密码强度

加强密码设置的强度，可以增加密码破译的难度，降低系统被破坏的可能性。

1. /etc/pam.d 配置文件

/etc/pam.d 目录下每个文件的名称都对应服务名，例如，FTP 服务对应文件 /etc/pam.d/ftp。如果名为 xxxx 的服务所对应的配置文件 /etc/pam.d/xxxx 不存在，则该服务将使用默认的配置文件 /etc/pam.d/other。每个文件都由如下格式的文本行所构成。

module-type control-flag module-path arguments

每个字段的含义和 /etc/pam.conf 中的相同。

密码复杂度是通过 /etc/pam.d/system-auth 这个文件来实现的。使用 vi 编辑器打开文件，内容如下。

```
#%PAM-1.0
# This file is auto-generated.
# User changes will be destroyed the next time authconfig is run.
auth        required      pam_env.so
auth        sufficient    pam_unix.so nullok try_first_pass
auth        requisite     pam_succeed_if.so uid >= 500 quiet
auth        required      pam_deny.so

account     required      pam_unix.so
account     sufficient    pam_succeed_if.so uid < 500 quiet
account     required      pam_permit.so

password    requisite     pam_cracklib.so try_first_pass retry=3
password    sufficient    pam_unix.so md5 shadow nullok try_first_pass use_authtok
password    required      pam_deny.so

session     optional      pam_keyinit.so revoke
session     required      pam_limits.so
session     [success=1 default=ignore] pam_succeed_if.so service in crond quiet use_uid
session     required      pam_unix.so
```

这个文件中用到了 pam_cracklib.so 这个模块。pam_cracklib.so 是一个常用且非常重要的 PAM 模块。该模块主要的作用是对用户密码的强健性进行检测，即检查和限制用户自定义密码的长度、复杂度和历史等。不满足所设置强度的密码会被拒绝使用。

对于 pam_cracklib.so，比较重要和难于理解的是它的一些参数和计数方法，其常用参数如下。

debug：将调试信息写入日志。

type=xxx：当添加 / 修改密码时，系统给出的默认提示符是"New UNIX password:"及"Retype UNIX password:"，而使用该参数可以自定义输入密码的提示符，比如指定 type=your own word。

retry=N：定义登录 / 修改密码失败时可以重试的次数。

Difok=N：定义新密码中必须有几个字符要与旧密码不同。但是如果新密码中有一半以上的字符与旧密码不同，则该新密码将被接收。

minlen=N：定义用户密码的最小长度。
dcredit=N：定义用户密码中必须包含多少个数字。
ucredit=N：定义用户密码中必须包含多少个大写字母。
lcredit=N：定义用户密码中必须包含多少个小些字母。
ocredit=N：定义用户密码中必须包含多少个特殊字符。

2．项目实施

1）运行 PuTTY 工具，以 root 用户登录到 Linux 服务器中，使用 vi 命令打开配置文件 /etc/pam.d/system-auth。

2）在 passwd 部分查找到 password requisite pam_cracklib.so try_first_pass retry=3，如图 6-126 所示。

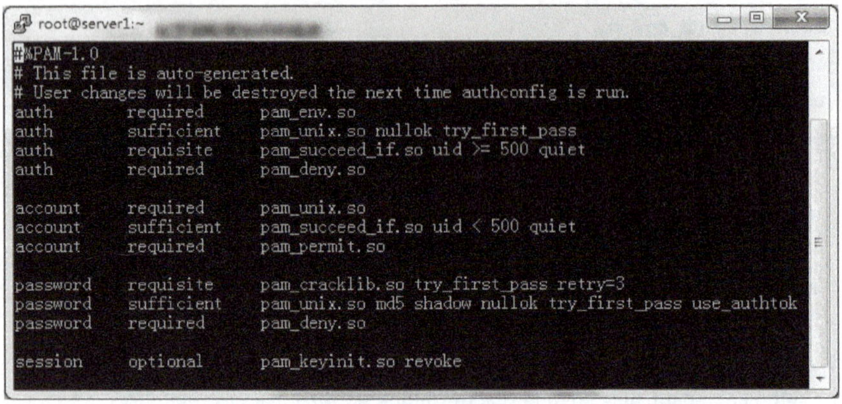

图 6-126　查找内容

3）将该行修改为 password requisite pam_cracklib.so try_first_pass retry=3 dcredit=-1 ucredit=-1 lcredit=-1 minlen=8。

这行语句表示设定的密码强度的要求为：至少八位，数字、小写字母和大写字母都至少有一位，尝试三次，如图 6-127 所示。如果密码强度不够，那么系统自行退出并修改密码程序。

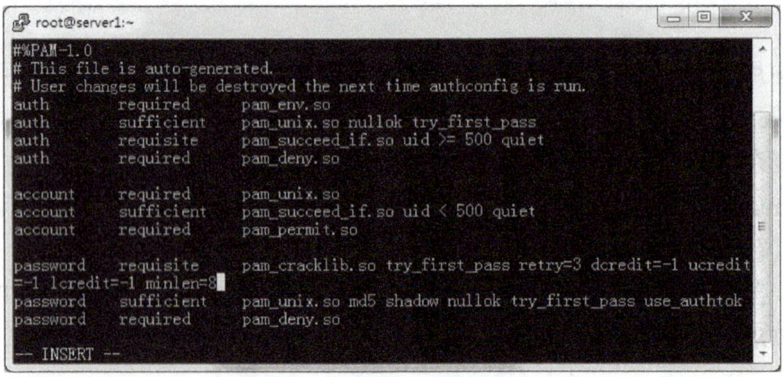

图 6-127　修改配置文件

4）使用 PuTTY 工具，以 test 账号方式登录到 Linux 服务器，或者使用命令 su test 切换到用户 test 中，使用命令 passwd 修改密码，首先输入旧密码，然后尝试输入密码 123，此时提示密码太短,因为在策略中使用参数 minlen 设置密码最小长度是八位。接着输入密码 12345678,系统提示密码不满足复杂性要求,直到密码强度符合要求,才会提示成功,如图 6-128 所示,说明密码策略已经生效。

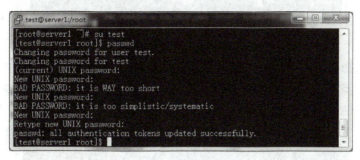

图 6-128 密码策略生效

6.3.4 利用 iptables 关闭服务端口

禁止访问系统不必要的服务,可以有效降低被攻击的可能性,本实验利用 iptables 来实现此功能。iptables 是复杂的,它集成到 Linux 内核中。用户通过 iptables,可以对进出计算机的数据报进行过滤。通过 iptables 命令设置规则来把守计算机网络——哪些数据允许通过,哪些不能通过,对哪些通过的数据进行记录(log)。

这里假定目标主机存在 FTP 服务,需要关闭 FTP 服务端口,通过调整 iptables 的一些简单设置来阻止远程访问 FTP 服务。

1)在 Windows 7 操作系统中,打开命令提示符窗口,输入命令 ftp 192.168.51.196,登录到 Linux 服务器上,如图 6-129 所示。

图 6-129 登录到 FTP 服务器命令

2)如果出现图 6-130 所示的内容,则说明 Linux 操作系统没有启动 FTP 服务。

图 6-130 没有启动 FTP 服务

3)使用命令 service vsftpd start 启动 FTP 服务,如图 6-131 所示。

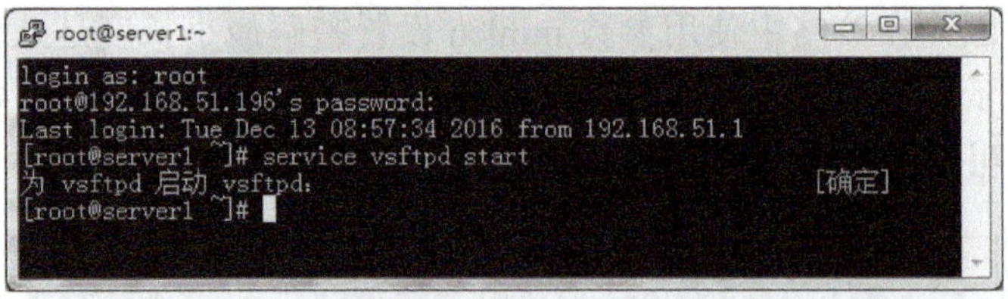

图 6-131　启动 FTP 服务

4）再次使用命令 ftp 192.168.51.196 登录，要求输入用户名和密码。FTP 服务器架设后，会默认建立两个匿名用户，用户名分别是 anonymous 和 ftp，可以使用其中任意一个用户登录，密码可以输入一个邮箱地址，也可以空白。如使用用户 ftp，无密码成功登录，如图 6-132 所示。

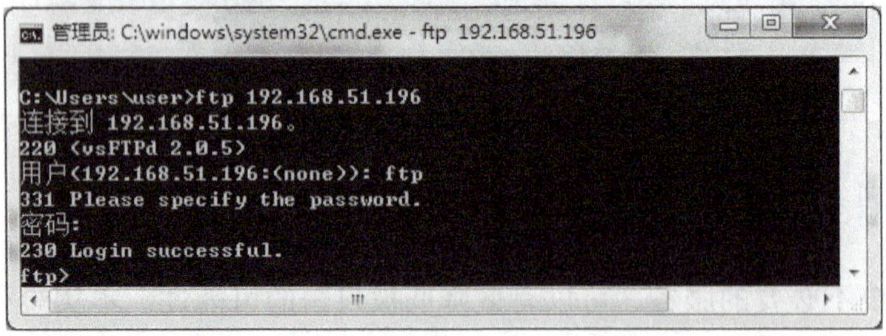

图 6-132　成功登录到 FTP 服务器

5）可以在 ftp> 提示符下输入？查看可以执行的命令，如图 6-133 所示。

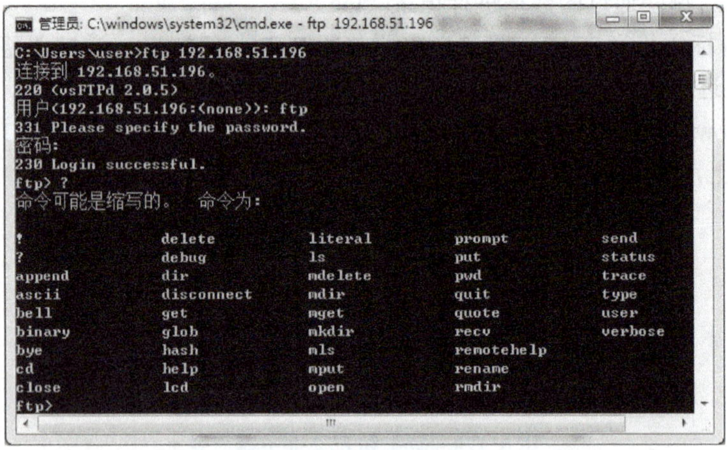

图 6-133　查看可执行命令

6）创建一个文件进行下载，FTP 服务器默认下载的目录在 /var/ftp/pub 中。使用命令 cd /var/ftp/pub 进入目录 pub 中，再使用命令 touch test.txt 创建一个新文件，并使用命令 echo This is a new file>test.txt 向文件中写入内容，再使用命令 ls 查看该文件，如图 6-134 所示。

图 6-134　创建文件并操作

7）回到 Windows 7 远程 FTP 登录中，使用命令 ls 查看当前目录是 pub，使用命令 cd pub 进入目录中，再使用命令 ls 查看刚才在 Linux 服务器中建立的文件 test.txt，使用命令 get test.txt 可以成功下载文件，如图 6-135 所示。

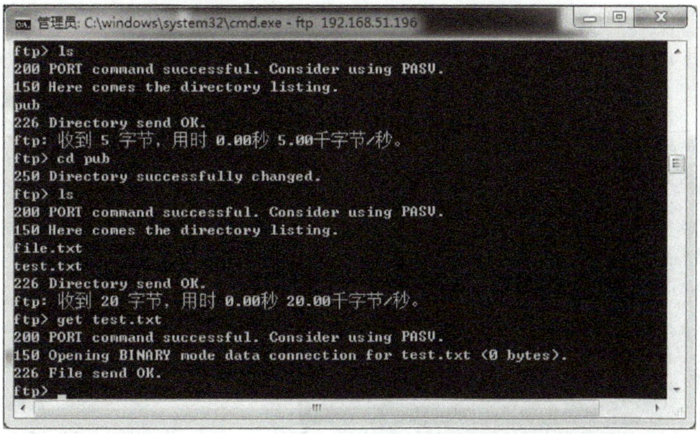

图 6-135　下载文件

8）可以使用命令！dir 查看客户机将文件下载后存放的位置，dir 命令用于查看 Windows 目录，加上符号！表示该操作在客户机上执行，即查看 Windows 7 的目录。如图 6-136 所示，test.txt 文件存放在目录 C:\Users\user 文件夹中。

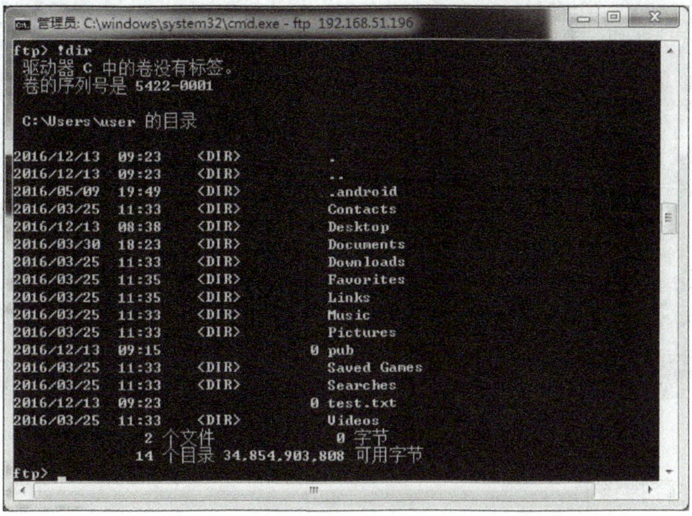

图 6-136　查看下载文件存放的位置

9）以上操作说明 FTP 服务正常使用，使用 PuTTY 工具以 root 账号登录到 Linux 服务器，使用 vi 命令修改 /etc/sysconfig/iptables 文件，如图 6-137 所示。如果该文件内容为空，则说明 Linux 服务器没有启动防火墙。

10）到 Linux 实际系统中，选择"系统"→"管理"→"安全级别和防火墙"选项，在"安全级别设置"对话框中，在"防火墙"下拉列表中选择"启用"，如图 6-138 所示。

必须允许 SSH 服务通过，不然 PuTTY 软件不能实现远程连接；也必须允许 FTP 服务通过，如果此处禁止 FTP 服务通过，客户端就不能访问 FTP 服务器，这也是禁止 FTP 服务的一种方式。

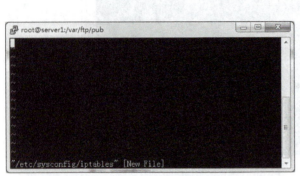

图 6-137　打开配置文件　　　　　　　图 6-138　启动 Linux 防火墙

11）找到与 FTP 服务相关（端口 21）的那一行代码，如图 6-139 所示。相关代码如下。

-A RH-Firewall-1-INPUT -m state --state NEW -m tcp -p tcp --dport 21 -j ACCEPT

图 6-139　查找与 FTP 服务相关的代码行

12）用 # 号注释掉该行。

#-A RH-Firewall-1-INPUT -m state --state NEW -m tcp -p tcp --dport 21 -j ACCEPT

保存并关闭 iptables，如图 6-140 所示。

13）使用命令 service iptables restart 重启 iptables 服务，如图 6-141 所示。

14）再次使用 ftp 命令尝试远程连接到 FTP 服务器，窗口会显示报错信息，FTP 服务器已无法访问，如图 6-142 所示，说明 iptables 策略已经生效。

15）如果将配置文件中添加的 # 号去掉，重启 iptables 服务后，FTP 服务器又可以正常访问了。

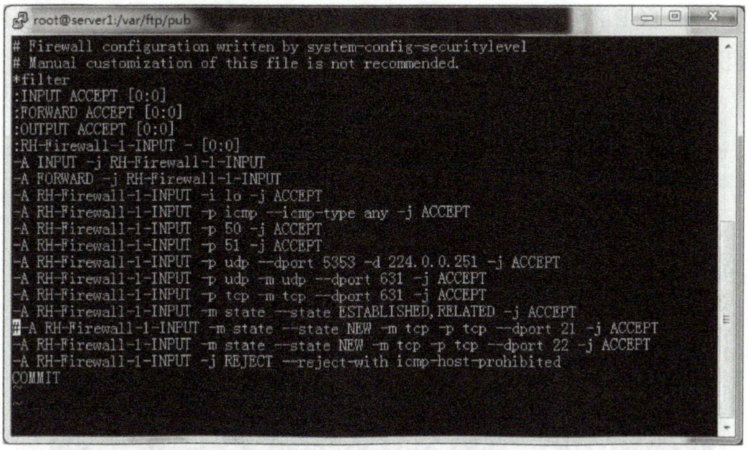

图 6-140 修改 FTP 服务配置命令

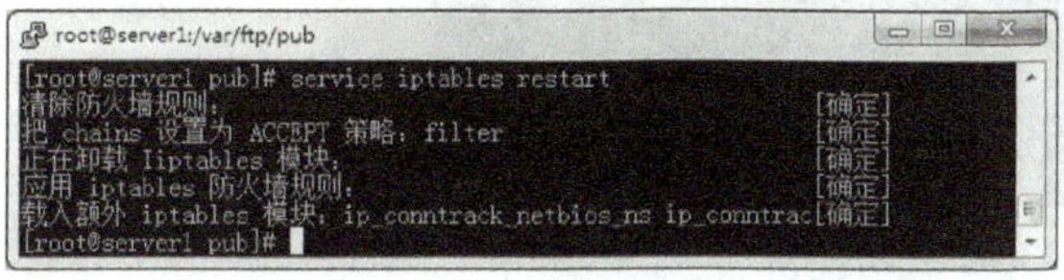

图 6-141 重启 iptables 服务　　　　　图 6-142 FTP 服务器无法访问

6.3.5 利用 iptables 根据 IP 限制主机远程访问

iptables 也可以根据 IP 设置策略对源主机或目标主机进行访问限制，降低本机被攻击的可能性。本实验通过设置策略限制目标加固主机远程访问源主机。

注：实际配置中，一般是限制远程主机访问本机或只允许信任主机访问，由于条件限制，这里介绍的是相反设置，但原理是一样的。

1）打开命令提示符窗口，输入命令 ipconfig 查看 Windows 7 的 IP 地址，IP 地址是 192.168.51.96，如图 6-143 所示。

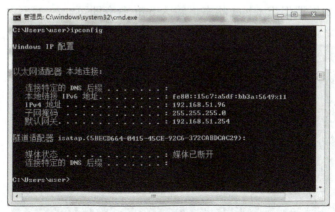

图 6-143 查看本机 IP 地址

2）使用命令 netstat -na | find "LISTEN" 命令查看本机开放端口，在显示的本机端口侦听

列表中随机选择一个 TCP 的侦听端口，用于后继内容的连接测试，譬如使用端口 445。这里以 445 端口为例，读者可以根据实际情况自己选择，如图 6-144 所示。

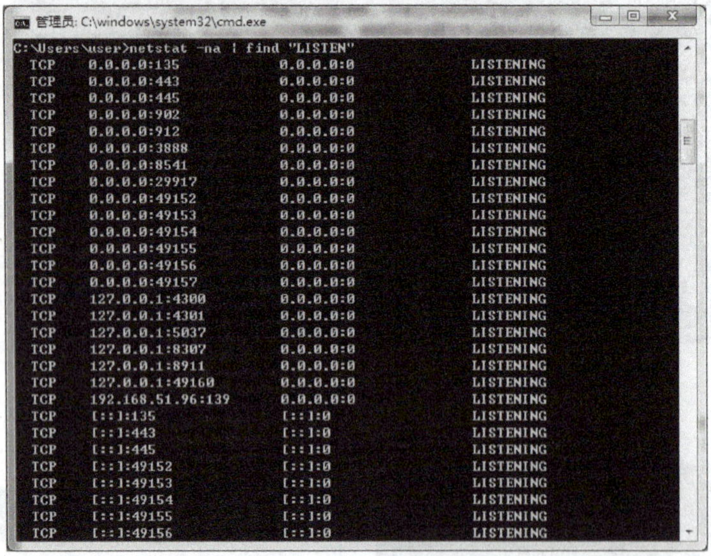

图 6-144　查看本机开放端口

3）运行 PuTTY 工具，以 root 用户登录到 Linux 主机，执行命令 telnet 192.168.51.96 445，登录到 Windows 7 上。此时 Windows 7 是目标主机，如果输入正确，会出现图 6-145 所示的界面，说明 IP 的该端口开放，即此时可以访问目标机器主机。

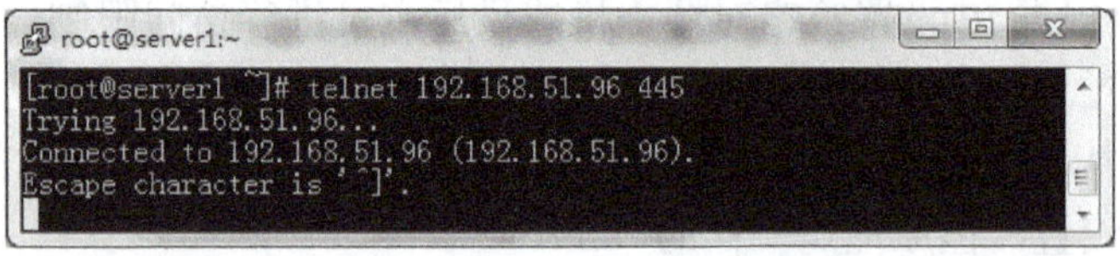

图 6-145　可以访问目标机器主机

4）按 <CTRL+]> 组合键，出现 telnet> 提示符，可以输入？来查看当前可以执行的命令，如图 6-146 所示。如果要退出 telnet 状态，输入 quit 命令即可。

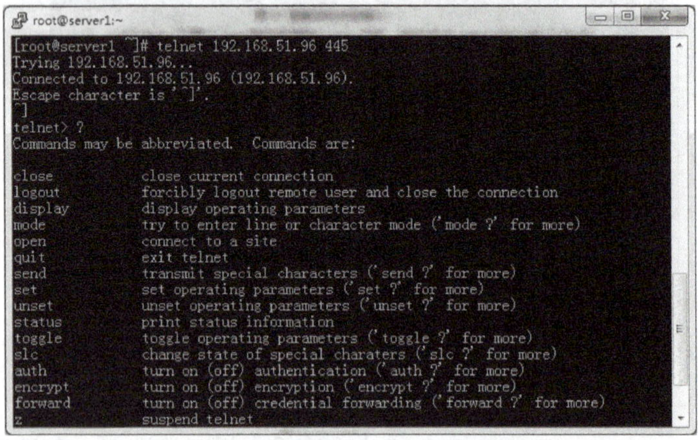

图 6-146　telnet 命令

5）使用 vi 命令修改 /etc/sysconfig/iptables 文件，即执行 vi /etc/sysconfig/iptables，在打开的界面中添加 -A OUTPUT -d 192.168.51.96 -m state --state NEW -j DROP，如图 6-147 所示，保存并关闭 iptables 文件。

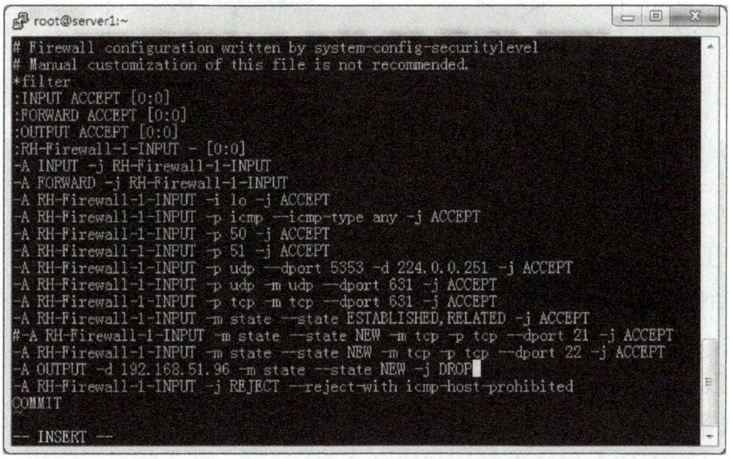

图 6-147 添加代码

6）使用命令 service iptables restart 重启 iptables 服务，在打开的对话框中输入密码，如图 6-148 所示。

7）再次在 Linux 上连接本机 445 端口，等候数分钟后，会显示连接失败界面，说明此时 Linux 已经无法和本机远程连接。

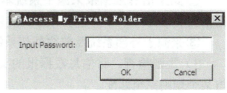

图 6-148 重启 iptables 服务

6.3.6 iptables 防火墙高级配置

1. Netfilter 的工作原理

Netfilter 的工作过程如下。

1）用户使用 iptables 命令在用户空间设置过滤规则，这些规则存储在内核空间的信息数据报过滤表中，而在信息数据报过滤表中，规则被分组放在链中。这些规则具有目标，它们告诉内核对来自某些源地址、前往某些目的地或具有某些协议类型的信息数据报做些什么。如果某个信息数据报与规则匹配，就使用目标 ACCEPT 允许该数据报通过，还可以使用 DROP 或 REJECT 来阻塞并杀死信息数据报。

根据规则所处理的信息数据报的类型，可以将规则分组在以下三个链中。

① 处理入站信息数据报的规则被添加到 INPUT 链中。

② 处理出站信息数据报的规则被添加到 OUTPUT 链中。

③ 处理正在转发的信息数据报的规则被添加到 FORWARD 链中。

INPUT 链、OUTPUT 链和 FORWARD 链是系统默认的 filter 表中的三个默认主链。

2）内核空间接管过滤工作。当规则建立并将链放在 filter 表之后，就可以进行真正的信息数据报过滤工作了，这时内核空间从用户空间接管工作。

Netfilter/iptables 系统对数据报进行过滤的流程如图 6-149 所示。

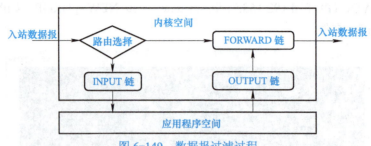

图 6-149　数据报过滤过程

数据报过滤工作要经过如下步骤。

1）路由。当信息数据报到达防火墙时，内核先检查信息数据报的头信息，尤其是信息数据报的目的地，这个过程称为路由。

2）根据情况将数据报送往数据报过滤表的不同链。

① 如果信息数据报来源于外界并且数据报的目的地址是本机，而且防火墙是打开的，那么内核将它传递到内核空间信息数据报过滤表的 INPUT 链。

② 如果信息数据报来源于系统本机或系统所连接的内部网上的其他源，并且此信息数据报要前往另一个外部系统，那么信息数据报将被传递到 OUTPUT 链。

③ 来源于外部系统及前往外部系统的信息数据报被传递到 FORWARD 链。

3）规则检查。将信息数据报的头信息与它所传递到的链中的规则进行比较，看它是否与某个规则完全匹配。

① 如果信息数据报与某条规则匹配，那么内核就对该信息数据报执行由该规则的目标指定的操作。如果目标为 ACCEPT，则允许该信息数据报通过，并将该数据报发给相应的本地进程处理；如果目标为 DROP 或 REJECT，则不允许该数据报通过，并将该数据报阻塞并杀死。

② 如果信息数据报与这条规则不匹配，那么它将与链中的下一条规则进行比较。

③ 如果信息数据报与链中的任何规则都不匹配，那么内核将参考该链的策略来决定如何处理该信息数据报。

2．安装 iptables 软件

在安装 Red Hat Enterprise Linux 5 时，可以选择是否安装 iptables 服务器。如果不能确定 iptables 服务器是否已经安装，则可以采取在"终端"中输入命令 rpm –qa | grep iptables 进行验证。如图 6-150 所示，则说明系统已经安装 iptables 服务器。

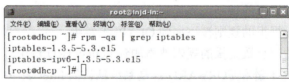

图 6-150　验证是否安装了 iptables 服务

如果安装系统时没有选择 iptables 服务器，则需要进行安装。在 Red Hat Enterprise

Linux 5 安装盘中有 iptables 服务器安装程序。

管理员将安装光盘放入光驱后，使用命令 mount /dev/cdrom /mnt 进行挂载，然后使用命令 cd /mnt/Server 进入目录，使用命令 ls | grep iptables 找到安装包 iptables-1.3.5-1.2.1.i386.rpm 安装包，如图 6-151 所示。

图 6-151　找到安装包

然后在计算机桌面中单击"开始"按钮，在"应用程序"→"附件"中选择"终端"命令，在打开的对话框中输入命令 rpm –ivh iptables-1.3.5-1.2.1.i386.rpm，即可开始安装程序。

在安装完 iptables 服务后，可以利用命令来查看安装后产生的文件，如图 6-152 所示。

防火墙安装完成后，可以使用图形化方式进行配置，选择"系统"→"管理"→"安全级别和防火墙"选项，打开的对话框如图 6-153 所示。在该对话框中可启用防火墙功能，并且只允许 SSH 服务。

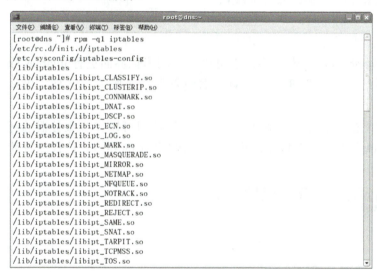
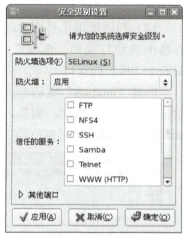

图 6-152　查看安装 iptables 后产生的文件　　　图 6-153　"安全级别设置"对话框

系统管理员在安装系统时可以选择开启防火墙或者禁用防火墙功能。选择禁用防火墙功能时，并不是将防火墙组件从系统中移除，而是把所有链的默认规则配置为 ACCEPT，并删除所有规则，以允许所有通信。

3．启动与关闭 iptables 服务器

iptables 的配置完成后，必须重新启动服务，有两种方法可以进行启动。

（1）利用命令启动 iptables 服务器　可以在"终端"命令窗口运行命令 service iptables start 来启动，运行命令 service iptables stop 来停止或运行命令 service iptables restart 来重新启动 iptables 服务，如图 6-154 ～图 6-156 所示。

图 6-154　启动 iptables 服务

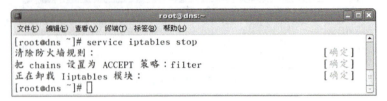

图 6-155　停止 iptables 服务

图 6-156　重新启动 iptables 服务

（2）利用图形化界面启动 iptables 服务器　用户也可以利用图形化界面进行 iptables 服务器的启动与关闭。选择"系统"→"管理"→"服务器设置"→"服务"选项，出现图 6-157 所示的窗口。

选择"iptables"复选框，单击"开始""停止"和"重启"按钮可以完成服务器的开始、停止及重新启动。例如，单击"开始"按钮，出现图 6-158 所示的界面。这样就说明 iptables 服务器已经正常启动。

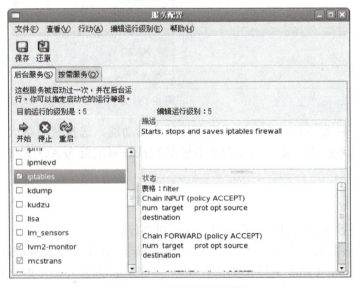

图 6-157　服务配置对话框

图 6-158　启动正常提示框

4. 查看 iptables 服务器状态

可以利用命令查看 iptables 服务器目前运行的状态，如图 6-159 所示。

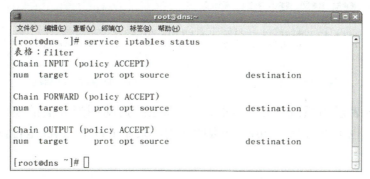

图 6-159　查看 iptables 服务器状态

5. 设置开机时自动运行 iptables 服务器

iptables 服务器是非常重要的服务，在开机时应该自动启动，从而节省每次手动启动的时间，并且可以避免 iptables 服务器没有开启停止服务的情况。

在开机时自动开启 iptables 服务器，有以下几种方法。

（1）通过 ntsysv 命令设置 iptables 服务器自动启动　在"终端"中输入 ntsysv 命令后，出现图 6-160 所示的对话框，将光标移动到"iptables"选项，然后按 <Space> 键选择，最后使用 <Tab> 键将光标移动到"确定"按钮，并按 <Enter> 键完成设置。

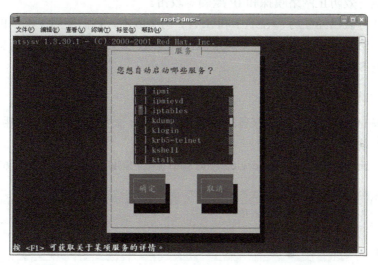

图 6-160　使用 ntsysv 命令设置 iptables 服务器自动启动

（2）以"服务配置"设置 iptables 服务器自动启动　选择"系统"→"管理"→"服务器设置"→"服务"选项，在弹出的窗口中选择"iptables"复选框，然后选择"文件"→"保存"命令，即可完成设置。

（3）以"chkconfig"设置 iptables 服务器自动启动　在"终端"中输入指令 chkconfig

--level 5 iptables on，如图 6-161 所示。

图 6-161　使用 chkconfig 命令设置 iptables 服务器自动启动

以上的指令表示当系统运行 Level 5 时，即系统启动图形界面的模式时，自动启动 iptables 服务器。也可以配合"--list"参数的使用，来显示每个 Level 是否自动运行 iptables 服务器。

6.3.7　客户端验证防火墙

在防火墙服务器设置完成后，利用客户端进行测试，以确保防火墙规则设置成功。为了验证防火墙规则，需要在设置之前和设置之后进行访问，使用 SSH 服务进行验证。

1．SSH 概述

SSH 是一个在应用程序中提供安全通信的协议。通过 SSH 可以安全地访问服务器，因为 SSH 基于成熟的公钥加密体系，把所有传输的数据进行加密，保证数据在传输时不被恶意破坏、泄露和篡改。SSH 还使用了多种加密和认证方式，解决了传输中数据加密和身份认证的问题，能有效防止网络嗅探和 IP 欺骗等攻击。

目前，SSH 协议已经经历了 SSH 1 和 SSH 2 两个版本，它们使用了不同的协议来实现，两者互不兼容。SSH 2 不管在安全上、功能上还是在性能上，都比 SSH 1 有优势，所以目前被广泛使用的是 SSH 2。

2．使用 PuTTY 软件测试

从客户机 Windows 使用 SSH 服务远程登录到 Linux 服务器上，可以使用 PuTTY 软件。该软件可以从互联网上下载。

1）首先在 Linux 上使用命令 service sshd start 启动 SSH 服务，如图 6-162 所示。

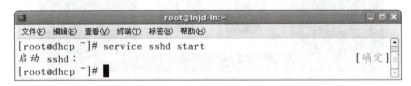

图 6-162　启动 SSH 服务

2）在 Windows 上，打开 PuTTY 软件，输入防火墙的 IP 地址 192.168.14.2，端口使用默认端口 22，协议选择 SSH，如图 6-163 所示。

3）此时出现提示，如图 6-164 所示，按照要求在"login as"后输入用户名"root"，再输入用户 root 的密码，即可成功登录到 Linux 服务器。

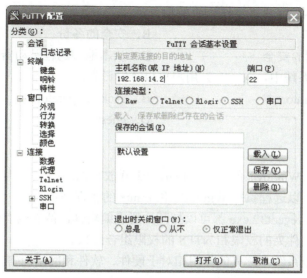

图 6-163 使用 PuTTY 软件远程登录

4) 改变防火墙默认策略为禁止所有数据报通过，使用命令 iptables –P 69INPUT DROP、iptables –P OUTPUT DROP、iptables –P FORWARD DROP 后断开 PuTTY 连接，再次进行连接，出现图 6-165 所示的提示，表示不能登录。

图 6-164 输入用户名和密码

图 6-165 防护墙拒绝登录

5) 使用命令 iptables –A INPUT –p tcp –d 192.168.14.2 --dport 22 –j ACCEPT 配置 INPUT 链，使用命令 iptables –A OUTPUT –p tcp –s 192.168.14.2 --sport 22 –j ACCEPT 配置 OUTPUT 链，运行 SSH 服务通过。

6) 再次使用 PuTTY 登录，又能成功登录。

6.4　本章习题

一、选择题

1. 以下（　　）权限允许用户从注册项中读取数值。
   A．设置数值　　　　　　　　B．查询数值
   C．读取控制　　　　　　　　D．删除

2. 以下不属于 Windows 2000 中安全组件的是（　　）。
   A．选择访问控制　　　　　　B．强制登录
   C．备份　　　　　　　　　　D．审核

3．以下不属于 NTFS 文件系统安全的项目是（　　）。
   A．文件加密　　　　　　　　　B．安全的备份
   C．用户级别的安全　　　　　　D．从本地和远程驱动器上创建独立卷的能力
4．在 Windows 系统中，（　　）用户可以查看日志。
   A．Administrators　　　　　　B．backup operators
   C．users　　　　　　　　　　D．guests

二、判断题

1．默认情况下，Windows 的很多端口都处于开放状态。　　　　　　　　（　　）
2．通过 Telnet 可以远程执行 Windows 和 Linux 的管理任务。　　　　　（　　）
3．regedit.exe 与 regedt32.exe 都可以打开注册表编辑器，两者没有任何区别。（　　）
4．可以把共享文件夹的权限和 NTFS 的权限组合起来。　　　　　　　　（　　）
5．在计算机安全系统中，人的作用相对于硬件、软件和网络而言，不是很重要。
　　　　　　　　　　　　　　　　　　　　　　　　　　　　　　　　（　　）

参 考 文 献

[1] 梁亚声. 计算机网络安全教程 [M]. 3 版. 北京：机械工业出版社，2019.
[2] 闫宏生，王雪莉，江飞. 计算机网络安全与防护 [M]. 3 版. 北京：电子工业出版社，2018.
[3] 郭帆. 网络攻防技术与实战 [M]. 北京：清华大学出版社，2018.
[4] 汪双顶，杨剑涛，余波. 计算机网络安全技术 [M]. 北京：电子工业出版社，2015.
[5] JACOBSON D. 网络安全基础 [M]. 仰礼友，赵红宇，译. 北京：电子工业出版社，2016.
[6] 张兆信. 计算机网络安全与应用技术 [M]. 北京：机械工业出版社，2017.
[7] 沈鑫剡. 信息安全使用教程 [M]. 北京：清华大学出版社，2018.
[8] 马利，姚永雷. 计算机网络安全 [M]. 北京：清华大学出版社，2016.
[9] 沈鑫剡. 网络安全实验教程 [M]. 北京：清华大学出版社，2017.
[10] 段新华，宋凤忠. 网络安全技术项目化教程 [M]. 北京：中国水利水电出版社，2016.
[11] 鲁先志，武春岭. 信息安全技术基础 [M]. 北京：高等教育出版社，2016.
[12] 曹敏，刘艳. 信息安全基础 [M]. 北京：中国水利水电出版社，2015.
[13] 付忠勇. 计算机网络安全教程 [M]. 北京：清华大学出版社，2017.
[14] 鲁立. 计算机网络安全 [M]. 2 版. 北京：机械工业出版社，2017.